ÉTUDES HISTORIQUES SUR LES EAUX PUBLIQUES
DE LA VILLE DE LYON

NOTICE

SUR UN

ESSAI DE PUITS ARTÉSIEN A BELLECOUR

EN 1829-1830

PAR

J.-J. GRISARD

LYON
IMPRIMERIE PITRAT AINÉ
4, RUE GENTIL, 4

1884

NOTICE

SUR UN

ESSAI DE PUITS ARTÉSIEN A BELLECOUR

EN 1829-1830

ÉTUDES HISTORIQUES SUR LES EAUX PUBLIQUES
DE LA VILLE DE LYON

NOTICE

SUR

ESSAI DE PUITS ARTÉSIEN A BELLECOUR

EN 1829-1830

PAR

J.-J. GRISARD

Extrait de la *Construction Lyonnaise*

LYON
IMPRIMERIE PITRAT AINÉ
4, RUE GENTIL, 4

1884

PRÉFACE

C'est grâce au cours de géologie professé jadis avec tant de distinction à la Faculté des Sciences de Lyon, par Fournet, qu'il nous est donné de rappeler un fait intéressant de notre histoire locale, peu connu de nos contemporains et cependant plein d'actualité, à notre époque où l'on voit de nombreux concurrents briguer l'honneur, et surtout les bénéfices qui résulteront de l'adoption de leur projet ayant pour but de doter la cité lyonnaise d'eaux plus ou moins pures et en quantité surabondante.

Nous voulons parler de la tentative faite en 1829 pour alimenter la ville de Lyon au moyen de puits artésiens.

Si, dans les leçons du maître, nous avons retrouvé trace de ce fait, c'est que non seulement le savant professeur dont la devise était : « *Magna est veritas et prævalebit*, » savait les rendre aussi pratiques et aussi intéressantes que possible, mais encore qu'il s'appliquait à prendre les exemples nécessaires à ses démonstrations dans le sol lyonnais ; et nous pouvons ajouter qu'il ne négligeait aucun fait ou événement qui pût rappeler, de près ou de loin, une découverte quelconque se rattachant à l'histoire naturelle de sa Cité d'adoption.

On en jugera par le chapitre premier, qui est un extrait textuel des leçons manuscrites de son cours de géologie, et dont nous devons la communication à l'obligeante amitié de son fils, M. Adolphe Fournet, essayeur du bureau de la Garantie.

J.-J. Grisard.

Lyon, le 31 mars 1883

NOTICE

SUR UN

ESSAI DE PUITS ARTÉSIEN A BELLECOUR

EN 1829-1830

CHAPITRE PREMIER

Extrait de la 26e leçon du cours de géologie professé à la Faculté des Sciences de Lyon, de 1834 à 1869, par J.-J. Fournet.

FONTAINES ARTÉSIENNES

Parmi les diverses dispositions des nappes d'eau détaillées dans la leçon précédente, vous avez sans doute remarqué celles qui donnent naissance aux fontaines bouillonnantes, telles que la source de la Mouche, près d'Yvours.

Ce qui a été dit à ce sujet a dû faire comprendre que le jaillissement de l'eau est occasionné par la pression hydrostatique qu'exercent les zones supérieures sur les zones inférieures de la nappe souterraine. En d'autres termes, si nous assimilons pour un moment l'ensemble de la disposition du terrain à un siphon renversé dont les deux branches sont égales (AB=BC), l'eau se mettra de niveau dans les deux branches.

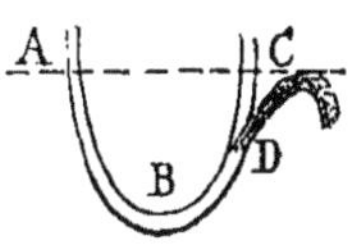

Cela étant, laissons la branche BC au point D, et l'on verra aussitôt s'établir un jet d'eau qui tendra à jaillir à une hauteur égale à celle du liquide dans la branche AB. Si, d'ailleurs, l'eau afflue dans cette branche d'une manière constante, le jet sera lui-même constant.

C'est sur ce principe que sont établis les jets d'eau des jardins ;

et ce même principe s'applique aux jets d'eau artificiels que l'on obtient en perçant d'une manière convenable certaines couches aquifères disposées dans le sein de la terre. Ces jets d'eau ont reçu le nom de *fontaines artésiennes*, parce qu'elles sont connues depuis fort longtemps dans l'Artois.

Pour les obtenir, il suffit d'établir un percement sur un point inférieur quelconque d'une nappe inclinée à l'horizon, en ménageant toutefois la dimension du trou de manière que son diamètre ne soit pas disproportionné avec la masse d'eau affluente. On se sert pour cela de sondes qui ne sont autre chose que des tiges de fer dont l'extrémité inférieure est garnie d'un ciseau. En faisant danser continuellement cet instrument sur le point voulu, on pratique un trou d'un diamètre aussi petit qu'on peut le supposer nécessaire pour le succès de l'opération, et assez profond pour atteindre la nappe aqueuse.

Cependant, plusieurs conditions sont essentielles pour l'établissement des fontaines artésiennes. Il faut d'abord que la couche dans laquelle on veut l'établir présente une superficie assez grande pour recevoir annuellement une quantité d'eau pluviale capable de subvenir au débit de l'orifice d'écoulement.

Il est nécessaire aussi que les couches soient inclinées, de manière à présenter au-dessus de l'orifice une partie supérieure capable d'exercer la pression nécessaire sans laquelle il n'y aurait point de jet à la surface.

De plus, le terrain doit être composé de couches, les unes perméables et les autres imperméables, de manière qu'il puisse s'établir une nappe liquide. Il est surtout essentiel que ces couches ne soient pas tourmentées et disloquées de toutes parts, autrement l'eau trouverait des issues nombreuses par lesquelles elle pourrait s'échapper sans être obligée de remonter par le trou de sonde.

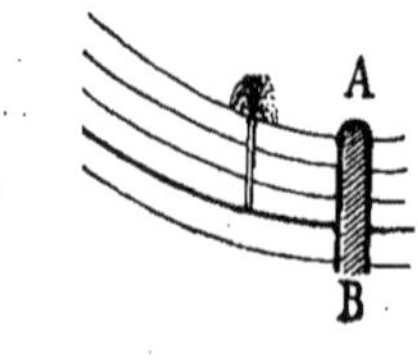

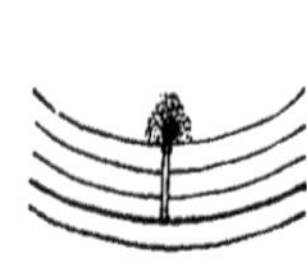

Enfin, les couches doivent être limitées à leur partie inférieure par une faille garnie d'argile imperméable AB, ou bien se trouver arquées en forme de fond de bateau.

Eh bien, cette réunion de conditions ne se trouve pas indifféremment partout : elle est surtout très rare dans les environs de Lyon. Cependant il est à croire que des puits artésiens pouraient être établis avec quelques chances de succès sur le plateau bressan, vers Cailloux-sur-Fontaines, vis-à-vis du Mont-d'Or; mais on aurait à traverser l'énorme épaisseur des conglomérats, des molasses, du ciret et du calcaire jaune, avant d'arriver aux

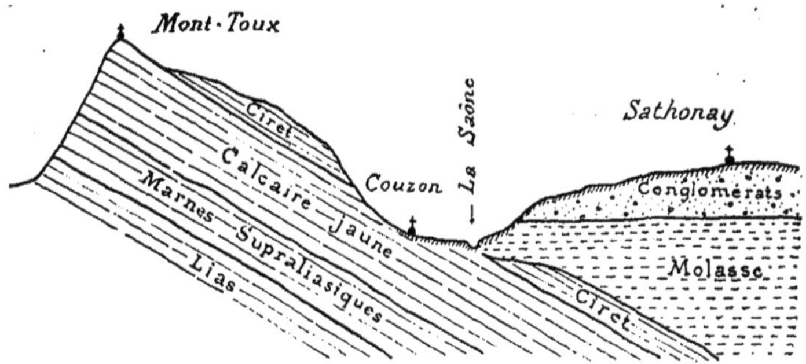

marnes supraliasiques où sont établies les nappes aqueuses du Mont-d'Or. Encore faut-il supposer qu'aucune faille ne soit établie dans le lit de la Saône, et cette circonstance est d'autant plus à craindre qu'à une très petite distance au sud de Cailloux se trouve le pointement granitique et gneissique de Rochetaillée, dont la présence pourrait bien être l'indice de quelque dislocation.

Une pareille opération n'est donc nullement à préconiser, et s j'en parle en passant, c'est plutôt à dessein de donner un exemple des difficultés du problème en général qu'avec l'intention d'insister sur son succès très incertain dans la circonstance présente.

En recueillant vos anciens souvenirs, vous vous rappellerez une fontaine de ce genre que l'on a tenté d'établir sur la place Bellecour, et comme cette entreprise eut le sort qu'elle méritait. Voyons par quels points elle péchait. Ces détails seront tout aussi profitables que si le succès eût couronné l'opération.

La place Bellecour peut être considérée comme située à l'extrémité d'une longue rampe de terrain non stratifié ou de granit et gneiss, qui se montre à la Croix-Rousse vers le fort Saint-Jean et affleure successivement au Jardin des Plantes, près de l'église Saint-Polycarpe, au quai Saint-Clair et enfin au Pont de Pierre. Contre cette rampe sont appliqués des lambeaux de conglomérat, de molasse, et le tout est recouvert de terre à pisé.

En se contentant donc de prendre les faits d'une manière purement spéculative, on pourrait concevoir la possibilité d'obtenir une fontaine jaillissante quelque part en A. En effet, on donnerait issue à la nappe d'eau inclinée et comprise entre le terrain de transport supérieur et le terrain granitique inférieur.

Cependant on revient facilement de cette idée quand on considère d'abord combien le manteau sédimentaire en question est étroit et surtout quand on le voit offrant de toutes parts des déchirures par lesquelles les eaux peuvent s'échapper avant d'arriver au bas de la course. Ainsi quelques sources se font jour au clos Saint-Benoît et au Jardin des Plantes; une multitude de puits disséminés sur toute cette surface augmentent encore la somme des orifices d'écoulement; plus bas, sur la place des Terreaux, la ville a été traversée, d'outre en outre, par l'ancien canal des Terreaux qui a également dû jeter la perturbation dans le régime hypothétique des eaux. Enfin, et par-dessus tout, les rives du Rhône et de la Saône présentent, de chaque côté, deux tranches abruptes par lesquelles les eaux peuvent s'échapper naturellement, avant d'arriver jusqu'à la place Bellecour.

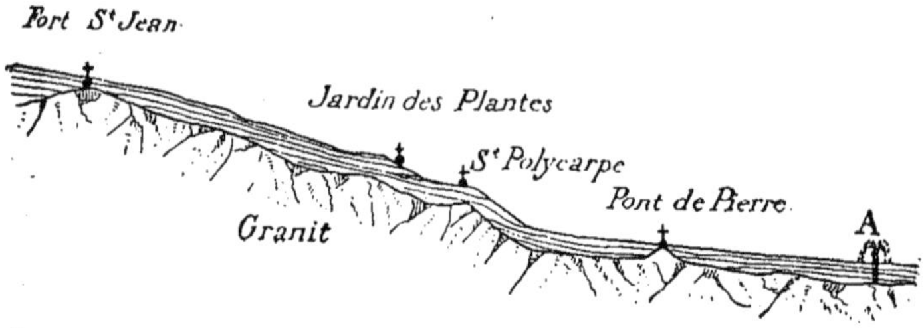

En ayant donc égard à toutes ces particularités, auxquelles on pourrait ajouter des considérations déduites de l'inégalité du sous-sol ainsi que de la constitution hétérogène du terrain sédimentaire superposé, on ne voit plus ni la pression, ni la liberté de mouvement nécessaires pour faire jaillir les eaux sur cette place, et, par conséquent, le travail du sondage devait être en pure perte.

Pour compléter les documents à ce sujet, il ne me reste plus qu'à faire connaître la série des couches traversées par la sonde; elles ont été détaillées dans un rapport de l'ingénieur des mines, M. Brocchi, et leur énumération n'est pas sans quelque intérêt, parce qu'elle donne une idée exacte de la constitution du sol sur lequel est établie la partie méridionale de la ville.

COUCHES TRAVERSÉES PAR LE SONDAGE DE BELLECOUR, COMMENCÉ EN DÉCEMBRE 1829 ET TERMINÉ LE 1er MAI 1830

Remblai superficiel	1° Terrain meuble de la place	1m,90	5m,50
	2° Fondations de l'ancien bassin	3m,60	
Dépôt des anciens marais	3° Sable humide et noirâtre	0m,70	0m,90
	4° Vase	0m,20	
Diluvium ou alluvions	5° Gravier	3m,30	3m,30
Conglomérat bressan	6° Banc graveleux analogue à des concrétions de cailloux ou à des bétons naturels	2m,00	3m70
	7° Poudingue	0m,60	
	8° Marne assez dure	1m,10	
Dépôt qui paraît analogue à celui que l'on voit aux Étroits, sous le glo méra bressan	9° Masse terreuse qui, lavée à plusieurs eaux, laisse un résidu de sable à gros grains coloré en rouge et en jaune, présentant tous les caractères des sables de la Saône	5m,60	8m,26
	10° Concrétion pierreuse assez dure, ou banc de poudingue	1m,85	
	11° Gros sable de la Saône	0m,78	
	12° Marne assez compacte mélangée de sable	0m,03	
	13° Granit trouvé à la profondeur totale de		21m,66

Il faut ajouter que l'eau avait déjà été rencontrée à la profondeur de 6 mètres au-dessous de la surface de la place, c'est-à-dire au niveau du gravier diluvien par lequel on peut supposer que s'effectuent les infiltrations latérales du Rhône et de la Saône, infiltrations au sujet desquelles nous reviendrons quand il sera question des puits de la ville.

CHAPITRE II

ORIGINE DE LA QUESTION DES EAUX A LYON ET SOLUTIONS PROPOSÉES AU DÉBUT

Quoique placée au pied de collines importantes et traversée par deux grands fleuves, la ville de Lyon n'était alimentée, avant l'établissement de la machine hydraulique Gardon, en 1833, que par les quelques faibles sources qui coulent des coteaux de Fourvière et de Saint-Sébastien, la plupart très séléniteuses, et au moyen de nombreux puits dont l'eau, souvent altérée par les crues des rivières et par les infiltrations des fosses d'aisances, ne possédait aucune des qualités nécessaires pour les usages domestiques.

La plus importante des sources recueillies, celle qui provenait du territoire de la Gloriette situé sur le versant oriental de la Croix-Rousse, avait été acquise par le Consulat, en 1654, pour assurer le service des eaux nécessaires à l'alimentation des fontaines et bassins de l'hôtel de ville actuel, commencé en 1646 sur l'emplacement des anciens fossés de la ville et inauguré le 14 décembre 1652.

En 1819, les vingt-neuf fontaines publiques qui étaient alimentées au moyen de sources ne fournissaient en totalité et par vingt-quatre heures que 200 mètres cubes; encore ce débit paraissait-il devoir diminuer d'année en année, au fur et à mesure de l'établissement des nouvelles constructions qui s'élevaient sur la colline Saint-Sébastien et le plateau de la Croix-Rousse.

Cependant la nécessité de donner de l'eau potable aux divers quartiers de la ville, principalement à ceux placés sur les hauteurs comme les nouveaux quartiers des Capucins, des Colinettes et des Bernardines, alors en voie de formation, se faisait vivement sentir et avait déterminé l'administration municipale à faire étudier sérieusement la question.

Le 31 mai 1819, M. Flacheron, architecte en chef de la ville, présenta à M. le baron Rambaud, maire de Lyon, un projet pour la fourniture d'eaux salubres et abondantes.

Ce projet consistait à creuser, à environ 125 mètres du Rhône, un puits de 3 mètres de diamètre qui devait recevoir par infiltration les eaux du fleuve. Ce puits devait occuper le centre du bastion Saint-Laurent et descendre perpendiculairement jusqu'à 2 mètres au-dessous des basses eaux de l'étiage.

Dans le cas où l'on aurait rencontré le rocher, la direction du puits aurait été modifiée au moyen d'une galerie horizontale débouchant sur le flanc de la colline et destinée à l'établissement d'une traînasse qui aurait permis de puiser l'eau dans un autre puits construit plus près du fleuve.

A l'intérieur des casemates du bastion Saint-Laurent, était placée une pompe à vapeur pouvant élever à 52 m. 50 de hauteur 50 à 60 mètres cubes d'eau par heure, soit 1.200 à 1.440 mètres cubes par vingt-quatre heures.

Enfin un réservoir d'une capacité totale de 800 mètres cubes devait être installé sur la plate-forme du bastion et en occuper à peu près toute la surface. Ce réservoir était divisé en deux parties; dans la première, l'eau fournie par la machine devait y être amenée directement et s'y dépouiller de tous les corps étrangers dont elle pouvait être chargée; puis, devenue pure et limpide, couler dans la partie inférieure du réservoir général, et, de là, au moyen des aqueducs existants, arriver dans le réservoir de chasse établi à l'angle de la rue des Fantasques, d'où elle aurait été distribuée dans les différents quartiers de la ville.

M. Flacheron proposait de ne faire marcher la pompe à vapeur que douze heures par jour, ce qui permettait d'élever seulement un maximum de 660 mètres cubes d'eau pour être répartis entre les trente-six fontaines publiques à établir dans l'arrondissement du Nord.

Les principaux avantages de ce projet étaient les suivants : 1° de puiser l'eau réputée alors la meilleure, celle du Rhône, éclaircie par la filtration au travers des terres; 2° d'établir le réservoir d'alimentation à 32 mètres au-dessus de la partie basse de la ville, hauteur suffisante alors; 3° d'assainir les rues en faisant couler des eaux vives dans leurs ruisseaux fangeux; 4° de fournir un moyen prompt pour éteindre les incendies; 5° de permettre l'utilisation des appareils de distribution d'eau existants et de faire servir à un double usage le bastion Saint-Laurent, nouvellement acquis par la ville du sieur Villermoz pour faciliter la surveillance de l'octroi.

Il fut approuvé par le Conseil municipal dans la séance du 26 novembre 1819, et, pour sa réalisation, un premier crédit provisionnel de 50.000 francs fut inscrit au budjet de 1820 et un deuxième acompte de 20.000 francs à celui de 1821, sous la rubrique de : « *Pompe à vapeur à établir sur un des bastions de la ville, pour y faire monter l'eau du Rhône et la distribuer dans les diverses fontaines de la ville.* »

Enfin la ville fut autorisée à exécuter les travaux par l'ordonnance royale dont la teneur suit :

Paris, le 27 juillet 1821.

« Louis, etc... — ARTICLE PREMIER. — Le Maire de notre bonne ville de Lyon est autorisé à procéder, dans les formes accoutumées, à l'adjudication publique au rabais, des travaux à faire pour l'établissement d'une pompe à feu destinée à fournir des eaux à différents quartiers de la ville, pour lesdits travaux être exécutés suivant les plans et devis approuvés par notre Ministre de l'intérieur.

« La dépense évaluée à 147.000 francs, y compris 20.000 francs pour l'établissement d'une conduite qui communiquerait directement du puits au Rhône, laquelle ne sera exécutée que dans le cas où l'infiltration au travers des terres serait insuffisante pour alimenter le puits, sera acquittée sur les revenus communaux au moyen de fonds alloués et à allouer dans les budgets de la ville.

« ART. 2. — Notre Ministre, secrétaire d'État au département de l'intérieur, est chargé de l'exécution de la présente ordonnance... etc. ».

Dès le 12 juillet 1821, M. le Maire de Lyon portait à la connaissance des intéressés, par voie d'affiches placardées sur les murs de la ville, les travaux à adjuger pour l'établissement d'une pompe à vapeur sur le premier bastion de la Croix-Rousse (bastion Saint-Laurent).

Les travaux à exécuter étaient :

1° Puits à creuser, évalué à	13.000	fr.
2° Réservoirs	29.500	»
3° Bâtiments pour le concierge et autres travaux de maçonnerie	14.500	»
4° Tuyaux, robinets, brides, etc.	22.000	»
5° Dépenses éventuelles dans le cas où l'infiltration des eaux du Rhône à travers les terres ne suffirait pas pour fournir à la pompe à vapeur toute l'eau qu'elle devait aspirer	21.000	»
6° Machine à vapeur	40.000	»
7° Fonds en réserve à la disposition de l'administration pour dépenses imprévues	7.000	»
Total de la dépense	147.000	fr.

Les travaux ci-dessus formaient l'objet de trois adjudications distinctes et séparées.

La première comprenait le puits à creuser jusqu'à 1 mètre au-dessous des plus basses eaux du Rhône, l'établissement des réservoirs, la construction d'un petit bâtiment pour le concierge, celle de la cheminée de la machine à vapeur, celle d'un escalier en pierre destiné à établir une communication de l'intérieur de la casemate à la plate-forme du bastion, et généralement tous les travaux ou réparations qui n'étaient pas compris dans la seconde et dans la troisième adjudications désignées ci-après.

Cette première adjudication comprenait également, mais seulement dans le cas où l'infiltration des eaux du Rhône à travers les terres ne suffirait pas pour fournir à la pompe à vapeur toute l'eau qu'elle devait aspirer, les travaux éventuels en maçonnerie pour les galeries souterraines qui pourraient être ordonnés.

La seconde adjudication se composait de la fourniture, la pose et l'ajustement des tuyaux de fonte, robinets, brides et accessoires.

La troisième adjudication comprenait la confection, la fourniture et la pose de la machine à vapeur.

Les deux premières adjudications étaient données à la Mairie, au jour indiqué ultérieurement par une nouvelle affiche qui devait fixer la date précise des adjudications définitives, et tranchées au profit du soumissionnaire qui ferait le plus fort rabais sur les prix de chaque nature d'ouvrages portés au devis.

La troisième adjudication était donnée par voie de soumission, sans toutefois que l'administration, attendu qu'il s'agissait d'un objet d'art qui ne pouvait être confié à tout entrepreneur quelconque, fût astreinte à accorder la préférence à celui des soumissionnaires qui aurait fait l'offre la plus basse. De plus, elle avait lieu sur une somme fixe, au moyen de laquelle le soumissionnaire s'engageait à confectionner, placer et garantir la machine qu'il présentait.

Pour l'exécution des travaux dont se composaient les deux premières adjudications, les entrepreneurs étaient tenus de se conformer exactement et strictement, soit au plan général, soit au devis dressés par M. Flacheron, architecte en chef de la ville, et approuvés par décision de M. le Directeur général de l'administration communale, du 3 juillet 1821.

En ce qui concerne spécialement la troisième adjudication, la machine à vapeur devait constamment donner 60 mètres cubes d'eau par heure : elle devait marcher tous les jours pendant dix-huit heures, et, par conséquent, élever 1.080 mètres cubes. L'entrepreneur prenait l'engagement de se charger pendant dix ans, et moyennant une somme annuelle dont il préciserait le montant dans sa soumission : 1° De fournir tout le combustible nécessaire pour l'alimentation de sa machine ; 2° De faire toutes les réparations et dépenses d'entretien, en quoi qu'elles puissent consister, de manière que la susdite machine à vapeur fût, pendant les dix années qui suivraient sa confection, en parfait état de fonctionner et de donner chaque jour la quantité d'eau indiquée ci-dessus.

Pour les trois adjudications, les soumissions devaient être adressées à la Mairie avant le 25 août 1821.

Le paiement des travaux était imputé sur le crédit de 50.000 francs ouvert au budjet de 1820, et ensuite sur celui de 20.000 francs porté au budjet de 1821, et subséquemment sur le crédit à ouvrir au budjet de 1822.

Enfin tous ces travaux devaient être commencés immédiatement après l'approbation du procès-verbal d'adjudication et être exécutés, pour les deux premières adjudications, dans le délai de neuf mois à partir du jour où l'administration aurait mis les entrepreneurs en possession des emplacements.

Le cahier des charges et le devis estimatif énonçant les prix de chaque nature de travaux avec leurs sous-détails étaient déposés au secrétariat de la mairie, où toute personne pouvait en prendre connaissance, ainsi que du plan général des lieux, qui indiquait :

1° Le logement du concierge; 2° le réservoir supérieur; 3° le réservoir inférieur; 4° les tuyaux de la machine foulante; 5° les tuyaux de départ; 6° l'escalier de communication entre la casemate et le dessus du bastion; 7° la casemate où était placée la pompe à vapeur; 8° le puits; 9° la cheminée de la machine à vapeur; 10° l'emplacement pour construire des hangars s'il en était besoin; 11° les tuyaux pour rejoindre le réservoir de chasse placé à l'extrémité méridionale de la rue des Fantasques; 12° la galerie des eaux de source qui alimentait alors les fontaines de la division du Nord; 13° enfin, la galerie nouvelle à établir, et les tuyaux de fonte à placer pour faire entrer les eaux du Rhône dans les puits.

Mais aucun soumissionnaire ne s'étant présenté à la mairie dans le délai fixé, les adjudications annoncées ne purent avoir lieu faute d'adjudicataires.

Nous devons ajouter que, dès sa publication, le projet de l'administration avait été l'objet de critiques sérieuses et fondées. On en jugera par la lettre suivante qu'un savant lyonnais, le docteur Eynard, adressait alors à l'autorité, et dont les observations, basées sur des motifs et des faits qui ne permettaient aucune réfutation, n'auraient pas certainement arrêté l'administration dans l'exécution de son projet si elle eût trouvé un entrepreneur pour accepter la mission de le réaliser.

« Monsieur le Maire,

« Nous avons l'honneur de vous adresser quelques observations que nous a suggérées la lecture de l'affiche relative à l'adjudication de la machine à vapeur destinée à élever l'eau du Rhône au premier bastion de la Croix-Rousse.

« Il est question, dans le projet, de creuser un puits à 1 mètre de profondeur au-dessous des plus basses eaux du Rhône, pour les recevoir par infiltration à travers les terres.

« Nous n'entreprendrons pas de discuter toutes les difficultés que paraît devoir présenter l'excavation d'un puits à une telle profondeur et dans des dimensions suffisantes pour obtenir par la seule infiltration la quantité de 600 hectolitres par heure; nous devons supposer qu'on les a toutes prévues, ainsi que les moyens de les surmonter; nous ne voulons que nous borner à faire pressentir les altérations que l'eau du Rhône pourra éprouver en traversant les terres comprises entre la rive du fleuve et le puits.

« Il est reconnu que la bonne ou mauvaise qualité des eaux (qui sont également pures dans leur origine) dépend de la nature des terres avec lesquelles elles sont en contact, soit qu'elles coulent à leur surface, soit qu'elles filtrent dans leur intérieur, soit qu'elles s'y trouvent déposées en masse. Les terrains graniteux ou siliceux sont ceux qui les conservent dans toute leur pureté, tandis que les calcaires, séléniteux, ou argileux, les altèrent plus ou moins, en raison de quelques-uns de leurs principes dont elles se chargent, qu'elles tiennent en dissolution de manière à ne pouvoir plus en être séparées; il ne faut souvent que quelques pieds de mauvaise terre pour produire ce fâcheux effet.

« A la seule inspection des diverses couches que présentent les coupes du terrain de Saint-Clair, on ne peut présumer rien de favorable pour la qualité des eaux qui en proviennent. Aussi les eaux de la Croix-Rousse ne sont pas réputées être de bonne qualité ; celles qui proviennent du Rhône par la filtration à travers la grande route, ne sont pas meilleures. Voici quelques faits à l'appui de ces assertions. L'eau de la pompe place Saint-Clair, qui n'est qu'à peu de distance de la rive, n'est point aussi bonne que celle prise au courant du Rhône. Celle-ci est qualifiée de très bonne dans l'examen chimique des eaux de la ville, publié par la Société de Pharmacie, tandis que la première n'a que le titre de bonne.

« Le chef de l'atelier de teinture établi sur le chemin de Saint-Clair, à peu de distance des portes, a reconnu que les eaux de filtration de son puits n'étaient point aussi propres à la teinture que celles du Rhône même ; c'est pour cela qu'il la tire immédiatement du courant par des conduits qu'il a fait établir. Le sieur Suleau, dans le temps qu'il avait une fabrique d'impression de toiles, tirait aussi l'eau du Rhône immédiatement par une pompe placée dans son usine.

« Il est donc permis d'élever des doutes sur la bonne qualité des eaux du Rhône arrivant par infiltration dans le puits en question; celles qui viendront par la même voie du côté de la montagne seront peut-être encore plus suspectes.

« A la vérité, en cas d'insuffisance pour fournir à la consommation de la machine (ce qui peut d'avance se présumer), on aura recours à l'expédient de la tirer directement du Rhône, par des canaux souterrains ; mais, outre que ce serait multiplier les êtres sans nécessité, et augmenter d'autant la dépense, le mal ne serait corrigé qu'à demi.

« Quand on se propose de fournir aux habitants d'une ville de l'eau propre aux usages domestiques, et surtout à la boisson, la première condition à remplir est de la donner la plus pure possible, et rien n'est aussi facile avec un fleuve tel que le Rhône ; il n'est question que de la puiser immédiatement dans son courant. Ce principe a été suivi dans l'établissement de la pompe de Chaillot, et de celle qui est sur l'autre rive de la Seine. A Chaillot, la machine est placée à peu de distance de la rivière, et l'eau aspirée est refoulée dans les réservoirs par des tuyaux de fonte disposés en ligne oblique ascendante, et dont on aperçoit la direction à la surface du sol. A Lyon, les localités sont précisément les mêmes ; elles présenteraient de plus deux avantages, celui d'une moindre distance entre les points extrêmes, et celui encore de prendre les eaux en amont de la ville.

« Nous avons sous les yeux un plan fait d'après ce système, avant qu'on connût les dispositions annoncées par l'affiche. Dans ce plan, la machine établie sur la rive du Rhône aspirerait l'eau directement dans son sein, et la refoulerait par des tuyaux continus ascendants jusque dans le réservoir.

« On ne manquera pas de faire l'objection qu'en puisant l'eau immédiatement dans le Rhône, on l'aura toujours plus ou moins trouble, tandis que par l'infiltration on l'obtiendra claire et limpide.

« La réponse est facile :

« L'eau du Rhône tient à la vérité en suspension des molécules de sable ou de terre très fine, mais qui se précipitent par le seul repos de quelques heures ; tandis que les eaux, en filtrant à travers les terres, se changent de principes terreux ou salins, qu'elles tiennent en dissolution, et dont, ni les fontaines filtrantes, ni aucun autre moyen, si ce n'est la distillation, ne peuvent les séparer. Il n'y a pas à hésiter dans le choix de ces deux inconvénients.

« C'est dans la seule vue de l'intérêt et de la salubrité publique que nous nous sommes permis de vous présenter ces réflexions. Notre but sera rempli, si elles peuvent vous déterminer à consulter les hommes de l'art sur les moyens de conserver à l'eau du Rhône les qualités qui la placent au rang des meilleures eaux connues.

« Nous avons l'honneur d'être, etc.

« ENNEMOND EYNARD. »

Profitant des retards apportés dans l'exécution des travaux, et aussi des critiques formulées avec raison sur l'insuffisance de la filtration dans le puits projeté, M. Flacheron modifia son projet primitif de façon à le rendre moins dispendieux, mais aussi en le réduisant à ne plus pouvoir servir que pour l'alimentation de la partie basse de la Ville. Le 15 juillet 1822, il adressait à M. le baron Rambaud, maire de Lyon, la lettre suivante :

« Monsieur le Maire,

« Le projet que j'ai eu l'honneur de vous présenter le 31 mai 1819, pour l'établissement d'une pompe à vapeur, destinée à élever des bords du Rhône jusqu'au premier bastion des remparts, les eaux qui, de ce réservoir, auraient été distribuées dans tous les quartiers de la Ville, paraît éprouver des difficultés qui retardent successivement l'exécution de cet utile projet.

« Depuis lors, d'autres idées plus simples, plus économiques et d'un effet plus grandiose, ont remplacé mes premières conceptions, et j'espère que vous voudrez bien me permettre de vous les soumettre.

« Le premenoir de la place Saint-Clair est l'emplacement que j'ai choisi pour la machine et le château d'eau qui alimenterait les nouvelles fontaines des quartiers inférieurs de la Ville; les sources qui descendent des deux collines peuvent abreuver les quartiers montueux. Le sol du promenoir de la place Saint-Clair, étant plus élevé de 6 mètres que le Rhône, lorsqu'il est propre à la navigation, et de 7 m. 50 pendant les basses eaux de ce fleuve, permet d'établir, dans des constructions demi-souterraines, une casemate où serait placée la machine dont la puissance motrice élèverait les eaux.

« La fumée de la pompe s'évaporant au sommet d'une colonne, à la hauteur de 32 m. 40 (ou 100 pieds) ne pourrait incommoder les habitants des maisons voisines, dont aucune ne parait avoir plus de 75 à 80 pieds d'élévation. Le bruit même que produit la machine étant concentré dans les terres et sous les voûtes, ne pourrait être entendu à l'entour. Et quoique la plate-forme doive s'élever de 2 mètres environ, il n'en résulterait aucun dommage pour les maisons situées à l'occident et au sud de la place; au contraire, elles auraient l'avantage de recouvrer, par la suppression des arbres, la vue du quai et du paysage des Brotteaux.

« Le puits creusé de 10 mètres seulement de profondeur dans un terrain rapporté depuis un demi-siècle environ serait bien moins dispendieux que celui qui devait descendre, selon mon premier projet, jusqu'à 60 mètres de profondeur dans un sol que l'on suppose, avec quelque probabilité, rempli de bancs de rocher. Le puits du nouveau projet, distant de moins de 20 mètres du courant du fleuve, recevrait, avec une abondance inépuisable, une onde purifiée par l'infiltration et bien plus salubre que celle de nos pompes ordinaires, puisqu'elle serait puisée en amont de la ville : Disposition avantageuse qui dispense de construire des réservoirs de dépuration, et permet d'espérer sous ce rapport une économie considérable. Il n'y a point de doute aussi que la machine à vapeur soit moins dispendieuse et moins sujette à entretien, ne devant plus faire monter les eaux qu'à 10 ou 11 mètres au-dessus du fleuve.

« Quant à l'effet que produira le château d'eau projeté, à l'extrémité du plus beau quai de la ville, sur la route de la Suisse et de l'Allemagne, à l'une des portes les plus fréquentées de Lyon, il est facile de concevoir que rien ne sera plus pittoresque qu'une colonne servant à élever et à répandre tout autour d'elle des torrents d'eau dans des vasques pyramidant les unes au-dessus des autres.

« Les habitants de la Ville se plairont sans doute à venir respirer un air continuellement rafraîchi par les eaux de cette abondante fontaine et à jouir tout à la fois de la vue d'une imposante cascade artificielle et du fleuve qui l'alimente.

« Je désire, monsieur le Maire, que ce projet vous paraisse utile à la cité qui a le bonheur d'être administrée par vos soins, et si vous jugez qu'il mérite d'être agréé et développé, je m'empresserai de vous présenter les plans et les détails que j'ai préparés dans mes méditations.

« A Lyon, le 15 juillet 1822.

« L. FLACHERON, architecte. »

L'administration qui désirait alimenter, non seulement la partie basse de la Ville, mais surtout les versants des collines où la pénurie d'eau se faisait plus vivement sentir que dans la plaine, trouva que ce nouveau projet ne répondait pas à ses intentions et le refusa.

Mais dès les premiers jours de 1822, M. le Maire, prenant en considération les observations que lui avait adressées le docteur Eynard, nomma, dans le but de s'éclairer sur les moyens les plus propres à réaliser l'alimentation de la Ville, une commission composée de MM. Cavenne, ingénieur en chef des ponts et chaussées; Muthuon, ingénieur des mines ; de Rozière, ingénieur en chef des mines. M. Flacheron, architecte en chef de la Ville, fut chargé de fournir à la commission tous les renseignements dont elle pourrait avoir besoin.

La divergence des opinions des membres de la commission, qui ne purent se mettre d'accord pour proposer une solution pratique, fit que M. le Maire se rapporta aux idées de M. Cavenne, et le pria de profiter des deux voyages qu'il fit à Paris pour recueillir tous les documents nécessaires au travail dont il le chargeait. Cet ingénieur proposa à M. le Maire, comme moyen le plus propre à prévenir les obstacles que l'administration avait rencontrés jusqu'à ce jour, de charger un ingénieur hydraulicien de l'étudeet de l'exécution des travaux à entreprendre. Cet ingéneur devait être tenu de donner tous ses soins et tout son temps à cette œuvre. M. Cavenne désigna pour ce poste M. C.-A. Carron, fils de l'inspecteur divisionnaire des ponts et chaussées, que M. le Maire agréa, et avec lequel il passa, à la date du 24 janvier 1823, un traité pour la direction de tous les travaux qui seraient nécessaires à l'établissement à Lyon, d'une machine hydraulique à vapeur qui porterait l'eau du Rhône sur les hauteurs de la Ville, d'où elle serait ensuite distribuée à volonté dans les différents quartiers.

D'après ce traité, qui fut approuvé le 31 janvier par le Préfet du Rhône, M. Carron fils devait se rendre à Paris pour y prendre auprès de MM. Bruyère et de Prony, inspecteurs généraux des ponts et chaussées, et autres personnes versées dans l'art hydraulique, les documents nécessaires, et y étudier en détail les moyens et le système de distribution des eaux de la capitale pour, au besoin, en faire l'application à Lyon [1].

Si l'administration faisait preuve de bon vouloir, le public savant ne se désintéressait pas non plus de la question de l'alimentation de la Ville, et, le 8 janvier 1823, le docteur Eynard publiait dans la *Gazette universelle de Lyon* un article qui résumait cette question et indiquait la voie dans laquelle l'administration devait s'engager plus tard. Nous n'hésitons pas à reproduire cet article *in extenso*, en raison de ce qu'il peut être considéré comme un résumé historique de tous les moyens proposés jusqu'à cette époque pour l'alimentation de notre cité.

« La ville de Lyon est peut-être, parmi les villes de France du premier ordre, la moins abondamment pourvue d'eau pour les usages, soit publics, soit particuliers. A l'exception de quelques fontaines dont les eaux découlent des coteaux de Fourvière et de la Croix-Rousse avec assez de parcimonie, le reste n'est fourni que par des pompes ou des puits qui reçoivent, par infiltration, les eaux du Rhône et de la Saône, plus ou moins altérées suivant la nature des terrains qu'elles traversent, ou, qui pis est encore,

[1] Une somme de 9000 francs était allouée à M. Carron, tant pour les frais de ses voyages à Paris, que pour la rédaction du projet et la conduite des travaux.

par le voisinage des fosses d'aisances; en sorte qu'on peut dire que les eaux employées en boisson sont généralement d'une qualité médiocre et souvent mauvaises, tandis que les deux rivières qui baignent les quais en fourniraient de très bonnes et abondantes, si elles y étaient prises directement par les moyens que la mécanique et l'hydraulique peuvent fournir. On s'étonne qu'une ville qui, avant la Révolution était grevée d'une dette de 40 millions, dont la majeure partie avait été empruntée pour des travaux publics, n'eût rien fait pour un objet d'utilité aussi important.

« Quelques années avant la Révolution une tentative fut faite par M. Mathon de la Cour, savant et philanthrope distingué, pour introduire la vente et la distribution de l'eau du Rhône, filtrée à l'instar de Paris. Il établit à cet effet quelques voitures pour le débit de cette eau ; mais cette entreprise échoua presque dès son début; on alla même jusqu'à tourner au ridicule, comme si, disait-on, ce n'était pas l'eau du Rhône et de la Saône qui arrivait dans nos puits et pompes publiques, tant est grande l'ignorance ou l'insouciance de la plupart des hommes pour un objet qui intéresse d'aussi près leur santé.

« En 1788, MM. Schmidt et Boury, élèves des frères Perrier, de Paris, n'eurent pas plus tôt formé à Lyon l'établissement d'une fonderie dans l'ancien bâtiment des moulins de Perrache, qu'ils publièrent un prospectus, dans l'intention de provoquer la formation d'une compagnie d'actionnaires pour l'établissement d'une machine à vapeur avec ses dépendances, ayant une force suffisante pour élever l'eau duRhône sur le plateau de la Croix-Rousse, et en fournir abondamment, soit à la ville, soit à ce faubourg. Cette tentative fut sans succès dans le temps, les évènements de la Révolution, les désastres du siège en firent perdre jusqu'au souvenir. Depuis cette époque, la ville de Lyon se trouve réduite à ses fontaines et pompes publiques, dont le nombre cependant fut un peu augmenté.

« Depuis quelques années, la voix publique annonçait le projet de la Mairie d'établir une machine à vapeur pour élever l'eau du Rhône à la hauteur du premier bastion de la Croix-Rousse. Déjà les budgets municipaux présentent des sommes votées pour cette entreprise. Déjà un bref d'adjudication s'élevant à 140.000 francs a été placardé sur les murs de la ville, et plus d'une année s'est écoulée sans qu'aucune espèce de travaux aient été commencés. Si l'on passe en revue la série de ceux nécessaires pour amener cette entreprise à ses derniers résultats, si l'on met en ligne de compte les lenteurs inséparables de tout ce qui se fait administrativement, il est à craindre que la génération présente ne soit pas appelée à profiter ou à jouir du bienfait annoncé.

« Dans cet état de choses, et lorsque tout est encore en projet, il est peut-être permis d'examiner si la Mairie a choisi le mode le plus sûr, le plus expéditif et le moins dispendieux pour faire jouir ses administrés de l'eau salubre et abondante qu'elle leur promet.

« La ville de Lyon n'a que des revenus et point de capitaux, qu'elle ne pourrait se procurer que par des emprunts, dont l'autorisation ne serait peut-être pas facile à obtenir. En admettant donc qu'elle fasse cette dépense sur ses revenus, elle ne pourrait affecter à cet objet (en concurrence avec tant d'autres articles de dépenses extraordinaires qui se renouvellent sans cesse) qu'une somme de 40 à 50 mille francs au plus chaque année ; or, quand on se représente à quelle somme s'élèveraient toutes les dépenses attachées à une si grande entreprise jusqu'à son entière et parfaite exécution, il serait difficile d'en assigner le terme.

« Une idée plus simple se présente naturellement, c'est de l'offrir comme une affaire de spéculation à une compagnie d'actionnaires. Envisagée sous ce rapport, elle pourrait embrasser non seulement la fourniture des eaux nécessaires à la Ville, pour ses fontaines et places publiques, mais encore les abonnements à prendre par les particuliers, les chefs d'ateliers ou de fabriques, consommant beaucoup d'eau. Enfin, en élevant les eaux jusqu'au point le plus éminent de la Croix-Rousse, cette compagnie ne pourrait-elle pas se promettre de s'en procurer un débit très abondant. Ajoutons encore un autre moyen de tirer parti de la masse d'eau descendante le long de nos côtes, en l'appliquant à mettre en mouvement diverses usines appropriées à l'industrie lyonnaise, ainsi qu'on le voit à Rome, où les eaux de la fontaine dite *l'Acqua Paulina*, amenées par un aqueduc sur le mont Janicule dans un grand bassin, descendent de la montagne, font aller diverses usines à papeterie, s'engagent enfin dans un canal souterrain et viennent aboutir à une belle fontaine en forme de grotte, d'où elles tombent en une large nappe.

« En donnant à cette entreprise toute l'extension dont elle serait susceptible, il est permis de croire qu'elle pourrait tenter les capitalistes, tout aussi bien que la construction d'un pont sur le Rhône, en face des Cordeliers, dont il est question dans ce moment et pour laquelle il y a concours d'actionnaires.

« Dans cette hypothèse, combien la position de la Mairie serait différente de celle où elle s'est placée. Dégagée de la conception des plans sur lesquels ses idées ne sont peut-être pas bien arrêtées, des devis d'adjudication, de la surveillance d'exécution, de la critique publique qui pourrait l'atteindre sous ces différents rapports, de l'avance des capitaux qu'elle serait libre d'appliquer à d'autres emplois et enfin des dépenses annuelles de fourniture de combustibles, d'entretien et de réparations de la machine et de ses dépendances ; elle n'aurait à s'occuper que de la construction de ses fontaines, à stipuler ses conditions avec la Compagnie tant pour la quantité que pour la qualité des eaux qui devraient lui être fournies ; à payer chaque année la somme convenue par son traité ; à borner sa surveillance à la stricte exécution de ses conventions. Elle se trouverait enfin, pour cette partie de son administration, dans le même cas où elle est avec l'entrepreneur de de l'éclairage public, qui lui coûte moins et dont le service se fait mieux que si elle l'exploitait elle-même.

« Le gouvernement, qui se trouve dans la même position, n'ayant à disposer que des sommes annuellement consenties par le budget, au moyen desquelles il ne pouvait terminer qu'à la longue des travaux commencés, ni en entreprendre d'autres, vient de donner l'exemple de ce qu'on propose ici, en concédant à des compagnies l'achèvement ou la confection des canaux, etc.

« On assure qu'un certain nombre de propriétaires de la Croix-Rousse ont l'intention de se réunir en compagnie pour procurer de l'eau à ce faubourg. S'il en était ainsi, il n'y a pas de doute que deux entreprises de ce genre, faites séparément, ne fissent plus de frais, soit de premier établissement, soit de dépenses annuelles, qu'une seule qui serait basée sur un plan vaste et général. Dans ce cas, ne conviendrait-il pas que les parties intéressées se réunissent pour faire un appel aux artistes dans cette partie, en les invitant à rédiger un prospectus qui présentât des données capables d'appeler l'attention des capitalistes.

« Je me borne à mettre au jour cette idée, j'aurai rempli mon but, si elle est suivie par quelque homme capable d'y donner les développements dont elle peut être susceptible.

« Lyon, le 3 janvier 1823.

« EYNARD. »

« *P. S.* — La Compagnie qui s'établirait pour la fourniture et la distribution des eaux dans les quartiers de Lyon, pourrait entrevoir d'autres avantages dans la construction des aqueducs destinés à leur conduite, en ce qu'ils pourraient, par la suite, être appliqués à l'éclairage public et particulier au gaz hydrogène. La ville de Lyon, par sa position et son voisinage des mines de charbon de terre de Rive-de-Gier et de Saint-Étienne, est une des plus favorablement situées pour adopter avec profit ce genre d'éclairage. Soit que la Compagnie des eaux formât elle-même cette entreprise pour son compte, soit qu'elle la laissât faire à une autre, l'avantage de trouver des aqueducs tout faits pour le placement des principaux tuyaux de conduite du gaz serait la plus grosse et la plus dispendieuse des difficultés vaincue ; et dans l'un ou l'autre cas, le bénéfice serait évident. »

L'idée émise par le docteur Eynard (de confier à une Compagnie la fourniture des eaux nécessaires à la ville de Lyon), fut acceptée par le Conseil municipal, qui, dans sa séance du 23 mai 1823, prit à ce sujet la délibération suivante :

« Ouï le rapport de sa commission des finances sur le compte administratif de 1882 :

« Considérant que, depuis 1820, des crédits sont ouverts pour l'établissement à Lyon d'une machine hydraulique destinée à porter l'eau du Rhône sur les hauteurs de la ville, à l'effet de la distribuer ensuite dans les différents quartiers de la ville et que ces crédits n'ont point encore été employés ; que cependant M. le Maire, en exécution des vœux successifs du Conseil municipal, notamment de sa délibération du 26 novembre 1819, a fait des dispositions préparatoires pour former cet établissement d'après les indications énoncées en la susdite délibération ;

« Considérant toutefois que si la Ville se charge de l'entreprise, elle ne sera pas exécutée assez en grand pour que les habitants de Lyon et principalement ceux exerçant des professions qui nécessitent l'emploi journalier d'une grande quantité d'eau puissent obtenir avec facilité, à bas prix et en abondance toute celle qui peut leur être nécessaire;

« Que multiplier les moyens de se procurer de l'eau en abondance, c'est attirer à Lyon l'établissement d'un grand nombre de manufactures qui, à défaut d'eau, ne peuvent y être formées.

« Considérant qu'il est à présumer que la ville de Lyon doit présenter assez de chances favorables pour que l'on puisse espérer de former, par actions, une Compagnie qui se chargerait de tous les frais de premier établissement, aurait le privilège de vendre des eaux, soit aux habitants de Lyon, soit à ceux des communes environnantes, et s'engagerait à fournir chaque jour à la ville de Lyon, moyennant une rétribution annuelle, une quantité d'eau suffisante pour alimenter les pompes et fontaines, et laver et nettoyer les quais, rues et places ;

« Invite M. le Maire à rédiger et publier un prospectus qui contiendrait les avantages et les charges d'une semblable entreprise, dans laquelle la ville de Lyon interviendrait, en prenant, s'il était ultérieurement jugé convenable, un certain nombre d'actions que le Conseil municipal déterminera, et en contractant dans tous les cas, avec la Compagnie qui se formerait à cet effet, un abonnement pour qu'elle eût à fournir chaque jour à la Ville, la quantité d'eau dont on serait préalablement convenu.

« Si, d'après les appels que fera M. le Maire, la Compagnie dont il s'agit parvient à se former, il en sera référé au Conseil municipal à l'effet de déterminer les fonds qu'il consacrera à cette éntreprise. »

A son retour de Paris, où il était allé, suivant les conditions de son traité avec M. le Maire, prendre tous les renseignements nécessaires à l'établissement hydraulique que la Ville se proposait d'établir, M. Carron fils rédigea un projet complet avec estimation de la dépense que comporterait l'établissement de la pompe à vapeur, des réservoirs et de la canalisation nécessaire pour la distribution des eaux. Ce projet servit de base à la rédaction du prospectus ci-après, que M. le Maire publia en conformité de la délibération prise par le Conseil municipal.

PROSPECTUS relatif à la formation, à Lyon, d'une Compagnie qui serait chargée des établissements nécessaires pour porter les eaux du Rhône aux fontaines de la Ville, avec faculté de vendre l'eau aux maisons particulières.

Nous, maire de la ville de Lyon,

Vu la délibération du Conseil municipal de la ville de Lyon, en date du 23 mai 1823,

Publions le Prospectus ci-après :

Article premier. — Les personnes qui auraient intention de se réunir en compagnie ou société anonyme pour la formation des établissements nécessaires, soit pour la distribution des eaux du Rhône aux fontaines publiques déjà existantes et à celles que la Ville ferait ultérieurement établir, soit pour la vente desdites eaux dans les maisons particulières, sont invitées à nous adresser directement et cachetées, d'ici au 1er juillet prochain, leurs propositions à cet égard.

Art. II. — Le principal engagement de la Compagnie sera de fournir chaque jour, c'est-à-dire par vingt-quatre heures, aux fontaines de la ville, la quantité *de trois mille kilolitres* (soit *trois mille mètres cubes*) d'eau : cette eau, qui devra être puisée dans le Rhône, en amont de la barrière Saint-Clair, ne pourra être distribuée pour l'usage du public, dans les différents quartiers de la ville, qu'après avoir éprouvé un repos de douze heures au moins.

ART. III. — La Compagnie aura à faire les acquisitions des terrains nécessaires à l'entreprise; elle sera chargée de toutes les dépenses relatives aux machines à vapeur, bâtiments, réservoirs, tuyaux de conduite, robinets, regards, etc., etc., et aussi de tous les frais d'entretien d'administration et de réparations.

La ville de Lyon remettra comme documents, à la Compagnie, les plans, projets, devis et autres détails fournis par M. Charles Carron fils, ingénieur chargé par la Ville de préparer un travail à cet égard.

Ces objets sont :

N° 1. Un plan des lieux depuis le Rhône, en face de la barrière Saint-Clair, jusqu'à la porte de la Croix-Rousse.

N° 2. Huit plans de détails pour les bâtiments destinés à recevoir la machine à vapeur.

N° 3. Un plan pour la confection de la machine à vapeur.

N° 4. Les différents devis estimatifs de la dépense.

ART. IV. — La Compagnie fera placer à ses frais, sous le sol des rues, quais et places de la ville, des tuyaux de conduite en fonte pour porter les eaux du Rhône soit aux fontaines publiques, soit aux maisons particulières, dans lesquelles elle seule aura le privilège, pendant toute la durée du bail, de vendre l'eau de gré à gré. Elle pourra même obtenir de l'administration la faculté de faire, sous le sol de ces mêmes rues, quais ou places, des voûtes souterraines, de manière à utiliser, dans la suite des temps, ces conduits souterrains pour d'autres entreprises auxquelles ladite Compagnie pourrait se livrer, et pour lesquelles elle aura toujours à conditions égales la préférence.

La Compagnie sera pareillement autorisée à faire établir à ses frais, au niveau du sol de ces mêmes rues, quais et places, les regards et trappes nécessaires à son service.

ART. V. — La Compagnie, avant d'entreprendre ses travaux pour l'établissement des tuyaux en fonte, ou, si elle le préférait, les voûtes souterraines dont il est fait mention en l'article précédent, soumettra à M. le Maire le plan qu'elle se proposerait de suivre, et l'ordre dans lequel ses travaux seraient exécutés rue par rue, quai par quai, place par place.

M. le Maire rendra les ordonnances de police qui seront jugées nécessaires à l'effet d'assurer cette exécution ; il aidera même la Compagnie des plans généraux ou particuliers qui existent dans les bureaux de la Mairie.

De son côté, la Compagnie apportera à cette exécution toute la célérité possible ; ses travaux seront dirigés de manière que la communication d'une rue à l'autre ne soit jamais interrompue pour les gens de pied, et qu'elle le soit le moins de temps possible pour les voitures. La Compagnie sera passible envers les habitants de ces rues, quais et places, de tous dommages auxquels pourrait donner lieu la lenteur qu'elle apporterait dans l'exécution.

L'Administration se réserve même la faculté de fixer les délais dans lesquels les travaux pour chaque rue, quai et place devront être terminés.

Toute contravention aux ordonnances de police sur cette partie sera jugée administrativement par le Conseil de préfecture, ainsi qu'il sera dit ci-après à l'article 18.

La Compagnie, dans le cas de retard provenant de son fait, se soumettra nécessairement aux décisions du Conseil de préfecture, qui deviendront obligatoires tant pour elle que pour l'Administration municipale.

Mais quant aux tiers intéressés, toute action serait, conformément à la loi, portée devant les Tribunaux, à moins que les tiers ne consentissent à prendre pour juge le Conseil de préfecture.

ART. VI. — Afin de s'assurer que les travaux exécutés sous le sol des rues, quais et places, ont le degré de solidité convenable, M. le Maire commettra l'architecte de la ville ou toute autre personne de l'art, non pour la direction des travaux, cet objet appartenant exclusivement à la Compagnie, mais uniquement pour leur surveillance.

L'architecte désigné par M. le Maire fera rapport à l'administration sur les mesures préventives à prendre s'il en était besoin.

ART. VII. — Soit pour la confection des travaux de premier établissement, soit lorsqu'après cette confection il ne s'agira plus que de l'entretien, la Compagnie sera tenue de refaire à ses frais le pavé des rues, quais et places qu'elle aura été dans le cas d'entamer.

Et afin de prévenir toute discussion qui pourrait ultérieurement s'élever sur la réfection du pavé, il y aura obligation pour la Compagnie de faire faire cette réfection par l'entrepreneur adjudicataire chargé de l'entretien des pavés de la ville, en suivant à cet égard les prix, clauses et conditions du marché de la ville.

ART. VIII. — Les fontaines auxquelles seront distribués les trois mille kilolitres d'eau du Rhône que la Compagnie devra fournir aux termes de l'article 2 du présent Prospectus, seront celles ci-après :

Onze fontaines de premier ordre, jouant pendant douze heures chaque jour, et fournissant chacune cent cinquante litres par minute.

Ensemble chaque jour, kilolitres. 1.188

Savoir[1] :

1 place Saint-Clair (172,04) ; 1 port Saint-Clair (173,85); 2 place des Terreaux (170,76); 1 pl. des Jacobins (167,36) ; 2 pl. Louis-le-Grand, (167,72) ; 1 pl. des Célestins (168,03); 1 port du Roi (166,91) ; 1 place Louis XVIII (164,53); 1 pl. Saint-Jean (170,57).

Vingt-trois fontaines de second ordre jouant pendant douze heures, et fournissant chacune cinquante litres par minute.

Ensemble chaque jour, kilolitres. 828

Ces fontaines de second ordre seront :

1 Place du Méridien (167,96) ; 1 pl. de la Croix-Pâquet (181,02); 1 pl. St-Pierre (169,55) ; 1 pl. de la Boucherie-des-Terreaux (170,60); 1 pl. de la Fromagerie (169,38) ; 1 pl. de la Miséricorde (171,56); 1 pl. Le Viste (166,74); 1 pl. du Plâtre (168,74); 1 pl. de l'Hôpital (166,78); 1 pl. Henri IV (168,30); 1 pl. Saint-Michel (167,95); 1 pl. d'Ainay (168,72) ; 1 pl. Saint-Georges (169,97) ; 1 pl. du Gouvernement (168,85) ; 1 pl. du Change (168,69) ; 1 pl. de la Douane (168,27) ; 1 pl. Saint-Laurent (169,71) ; 1 pl. Grôlier (167,58) ; 1 pl. de la Halle-aux-Blés (167,59) ; 1 pl. du Collège (168,42); 1 pl. Neuve-Saint Jean (170,27); 1 pl. de Roanne (166,06) ; 1 pl. de la Trinité (174,54).

Cent quarante bornes fontaines donnant vingt-cinq litres par minute, et coulant quatre heures par jour :

Ensemble, chaque jour, kilolitres. 840

A reporter, kilolitres. 2.856

[1] Le chiffres entre parenthèses indiquent les hauteurs au-dessus du niveau de la mer des emplacements destinés aux nouvelles fontaines. Ces hauteurs ont été calculées d'après un nivellement de l'époque, rapporté au zéro de l'échelle du pont Tilsitt, qui est à l'altitude (160,78) suivant le nivellement général de la ville de Lyon exécuté en 1857, par Bourdaloué, et dont le plan de comparaison est de 0 m. 464 plus élevé que celui adopté pour le nivellement général de la France.

Ces renseignements peuvent servir pour la détermination de l'ancien sol des rues de la ville, et c'est à ce titre que nous avons cru devoir les ajouter.

Report, kilolitres. 2.856

Ces bornes-fontaines seront établies, savoir :

1 quai Saint-Clair (169,26) ; 1 rue Royale (170,05) ; 1 r. des Deux-Angles (171,47) ; 2 r. Vaubecour (167,77) ; 1 r. Sainte-Hélène (168,40) ; 1 r. de l'Arsenal (166,91) ; 1 r. du Plat (167,66) ; 1 r. d'Auvergne (168,63) ; 1 r. Boissac (167,75) ; 2 r. de Bourbon (168,68) ; 1 r. de Puzy (168,72) ; 1 r. Saint-Joseph (166,96) ; 2 r. de la Charité (167,50) ; 1 r. de Jarente (168,79) ; 1 r. de Perrache (168,60) ; 1 r. Sala (167,82) ; 1 r. du Pérat (166,88) ; 1 quai Monsieur (168,26) ; 1 cours d'Angoulême (166,94) ; 1 rue des Marronniers (167,39) ; 1 r. de Louis-le-Grand (166,91) ; 3 quais Saint-Antoine et de Villeroi (166,42) ; 1 place Saint-Nizier (169,03) ; 1 rue de la Fromagerie (168,94) ; 2 quai du duc de Bordeaux (166,95) ; 1 rue de la Boucherie-des-Terreaux (169,40) ; 1 r. de la Barre (167,64) ; 1 r. de l'Enfant-qui-Pisse (169,53) ; 1 place de l'Herberie (169,25) ; 4 rue Mercière (g. et p.) (168,66) ; 1 r. de la Monnaie (167.63) ; 2 r. St-Dominique (168,13) ; 1 r. Basse-Grenette (167,43) ; 1 r. Trois-Carreaux (167,85) ; 1 r. de Savoie (167,43) ; 1 r. d'Amboise (167,03) ; 2 r. Longue (grande et petite) (167,31) ; 1 r. Sirène (168,66) ; 1 r. Clermont (169,08) ; 1 r. de l'Aumône (168,01) ; 1 r. de la Plume (167,91) ; 1 place Grenouille (167,70) ; 1 rue Bellecordière (167,04) ; 1 r. du Bourgchanin (166,78) ; 2 r. de l'Hôpital (167,71) ; 1 r. du Palais-Grillet (167,60) ; 1 r. Grôlée, (167,24) ; 1 r. de l'Attache-des-Bœufs (167,66) ; 1 r. de la Gerbe (168.19) ; 1 r. des Forces (168,49) ; 1 r. Buisson (167,83) ; 1 r. Henri et du Garet (169,57) ; 2 quais Bon-Rencontre et de l'Hôpital (167,53) ; 2 q. de Retz (167,19) ; 1 rue Confort (167,04) ; 1 r. Écorchebœuf (167,12) ; 1 r. Paradis (167,55) ; 1 r. Noire (167,33) ; 1 r. Raisin (167,76) ; 1 r. Petit-Soulier (167,24) ; 1 r. Plat-d'Argent (167,13) ; 1 r. Thomassin (168,00) ; 1 r. Ferrandière (167,71) ; 1 r. du Port-Charlet (166,91) ; 1 r. Tupin (167,91) ; 2 r. Grenette (168,01) ; 1 r. Dubois (167,61) ; 1 r. de la Poulaillerie (168,01) ; 1 r. Gentil (167,83) ; 1 r. Neuve (168,39) ; 1 r. Mulet (168,27) ; 1 r. du Bât-d'Argent (169,02) ; 1 r. de l'Arbre-Sec (168,60) ; 1 r. Basse-Ville (167,52) ;

A reporter, kilolitres. 2.856

Report, kilolitres. 2.856

1 r. Pizay (168,71); 1 r. du Bessard (170,21); 1 r. Lafont (169,74); 1 r. Puits-Gaillot (170,22); 2 place de la Comédie (169,29); 1 quai des Augustins (168,05); 1 q. St-Vincent (167,36); 1 rue des Bouchers (173,88); 1 place Neuve-des-Carmes (175,62); 2 Grande-Côte (212,70); 1 rue St-Polycarpe (180,95); 1 r. Rozier (184,66); 1 r. Romarin (180,01); 1 r. du Griffon (175,85); 1 r. des Feuillans (grande) (173,87); 1 r. des Feuillans (petite) (179,26); 1 r. Terraille (177,72); 1 r. Désirée (174,67); 1 r Ste-Catherine (171,48); 2 r. des Capucins (grande) (181,35); 2 r. St-Marcel (173,88); 1 r. Bouteille (175,27); 1 r. de la Vieille-Monnaie (184,66); 1 r. Donnée (183,58); 1 Côte St-Sébastien (202,85); 1 rue Nouvelle du quartier neuf des Carmélites (207,93); 1 r. Masson (233,67); 1 r. Neyret (210,88); 1 r. Juiverie (175,31); 1 r. Misère (172,28); 2 quais Bourgneuf et de Bondy (168,35); 1 place de la Boucherie St-Paul (173,75); 1 rue Lainerie (170,73); 1 r. du Petit-Collège (169,58); 1 r. du Bœuf (170,27); 1 r. Tramassac (172,93); 2 r. St-Jean (168,97); 1 r. Trois-Maries (168,19); 1 r. de la Bombarde (171,59); 1 r. de Bellièvre (169,70); 2 r. St-Georges (169,55); 1 r. de la Boucherie-St-Georges (169,31); 1 r. des Prêtres (165,87); 1 place d'Albon (169,24).

En réserve à la diposition de l'Administration municipale, kilolitres 144

TOTAL. 3.000

kilolitres d'eau (soit 3.000 mètres cubes).

ART. IX. — D'après les indications contenues en l'article qui précède, la Compagnie dirigera ses travaux, soit pour l'étendue de ses bâtimens, soit pour la force de ses machines à vapeur, soit pour l'établissement de ses réservoirs et conserves d'eau, soit enfin pour la construction de ses tuyaux de conduite ou des voûtes souterraines, de manière à fournir à chacune des fontaines désignées ci-dessus la quantité d'eau pour laquelle elle sera comprise dans la distribution journalière.

La Compagnie prendra en conséquence les mesures nécessaires, afin qu'il n'y ait jamais d'interruption dans la distribution journalière aux fontaines de la quantité d'eau dont chacune d'elles devra être pourvue.

L'Administration déterminera, dans un règlement qui sera imprimé, quelles seront, chaque mois, les heures du jour où chaque fontaine devra donner de l'eau au public.

L'Administration pourra diviser en deux ou même trois parties les heures pendant lesquelles l'eau sera fournie au public, par exemple tant d'heures le matin et tant d'heures le soir.

L'Administration aura la faculté de faire aux règlemens qu'elle aurait arrêtés tels changements ou modifications qu'elle jugerait utiles ou convenables quant à la fixation des heures pendant lesquelles couleraient les fontaines établies dans les différens quartiers de la ville.

Elle pourra aussi changer, c'est-à-dire diminuer ou augmenter, selon les besoins de la population d'un quartier, le volume d'eau affecté à une fontaine pour en porter l'excédant à une fontaine du même quartier, pourvu, en définitive, que la masse d'eau à fournir n'excède pas les trois mille kilolitres énoncés en l'article premier.

La Compagnie sera tenue de se conformer aux dispositions que lui aurait fait connaitre l'Administration, sous les conditions : 1° que l'avis en sera donné trois mois au moins avant l'époque où les changements ordonnés par l'Administration devront recevoir leur exécution; 2° que ces changements seront en rapport avec la force et le calibre des tuyaux de conduite existant dans le quartier où s'opèreraient les changements.

ART. X. — Dans les six mois qui suivront l'approbation par le Gouvernement du traité à souscrire, l'Administration municipale fera connaître à la Compagnie si le placement des fontaines indiquées en l'article 8 a éprouvé ou non quelques changements. Si aucune notification n'était faite à cet égard, l'ordre indiqué au susdit article sera réputé définitif, afin que la Compagnie elle-même ne soit ni contrariée ni arrêtée dans les dispositions dont elle aurait à s'occuper.

La Compagnie n'aura aucune répétition à former contre la ville pour tout changement dans le placement de fontaines qui lui aurait été indiqué pendant les six mois qui suivront la passation de son traité.

ART. XI. — Tous les frais de construction, d'ornemens, d'embellissemens de fontaines publiques, de placement de cuvettes, bouches d'eau, gargouilles, rigolles et généralement tout ce qui n'est pas relatif à la conduite des eaux pour les faire arriver aux fontaines publiques, seront à la charge de la Ville.

Les travaux que fera faire la ville de Lyon devront être dirigés de manière : 1° que deux ans après l'approbation du traité à intervenir, il y ait déjà assez de fontaines ou bouches d'eau établies pour procurer l'écoulement ou l'emploi de mille kilolitres d'eau par vingt-quatre heures ; 2° qu'à la fin de la troisième année cette quantité soit portée à deux mille kilolitres ; 3° enfin que toutes les dispositions soient prises, à la fin de la quatrième année, pour que l'emploi des trois mille kilolitres ait lieu.

Il est ici expliqué que les travaux, soit ceux de la Ville, soit ceux de la Compagnie, devront être commencés, dirigés et suivis de manière à donner de l'eau d'abord et de préférence aux quartiers qui en manquent, notamment au quartier des Capucins : toutefois, et pendant les deux premières années qui suivront l'approbation par le Gouvernement du traité à intervenir, l'Administration ne pourra pas exiger que l'eau soit portée à plus de vingt-cinq mètres au-dessus de l'étiage de la Saône.

Art. XII. — L'Administration aura la faculté, par tel moyen qu'elle avisera bon être de s'assurer si la Compagnie remplit exactement les obligations qu'elle aura souscrites.

En ce qui concerne notamment la quantité ou le volume d'eau que chaque fontaine devra fournir tous les jours, les procès-verbaux que dresseront les officiers publics, en présence des préposés de Compagnie ou eux dûment appelés, seront tenus pour constants jusqu'à preuve contraire ou inscription en faux.

Dans le cas de contraventions dûment constatées, il y aura lieu, au profit de la Ville, à une retenue qui sera prononcée administrativement dans la forme établie ci-après en l'article 18. Cette retenue ne pourra être moindre d'une somme triple de la valeur de l'abonnement d'un jour pour la fontaine où l'eau aurait manqué.

Art. XIII. — M. le Maire aura, chaque fois qu'il le voudra, le droit de faire faire, par telles personnes de l'art qu'il nommera, toute visite des bâtimens, réservoirs, machines, conduites d'eau, voûtes souterraines etc.

Il donnera à la Compagnie telles réquisitions que le bien du service lui semblera devoir nécessiter, et, en cas de refus de la part de la Compagnie d'obtempérer aux dites réquisitions, l'affaire sera portée au Conseil de préfecture, qui statuera ce qu'il appartiendra.

Art. XIV. — Les soumissions des Compagnies qui seraient dans le cas de se former, énonceront :

1° Le temps de la durée du traité à passer : ce temps ne pourra excéder cent ans.

2° La somme annuelle que chaque Compagnie demandera que la ville de Lyon lui paye pendant la durée de l'entreprise.

Art. XV. — La somme annuelle dont il sera convenu entre la Ville et la Compagnie sera payée à cette dernière, sur mandats de M. le Maire, par douzième et de mois en mois, déduction faite toutefois des retenues qui auraient été prononcées contre la Compagnie. Les payements commenceront à partir du premier jour du mois qui suivra la distribution aux différentes fontaines des premiers mille kilolitres d'eau qu'elle se charge de fournir par chaque vingt-quatre heures.

Dans le cas où la ville de Lyon n'aurait pas établi des fontaines ou bouches d'eau dans les délais stipulés en l'article 11, elle n'en sera pas moins tenue envers la Compagnie au payement intégral des douzièmes qui seraient échus.

Mais, par contre, si, après l'expiration des deux, trois et quatre ans stipulés au susdit article 11, la Compagnie n'était point en mesure de fournir :

Au bout des deux premières années mille kilolitres d'eau par chaque vingt-quatre heures :

A la fin de la troisième année, deux mille kilolitres ;

A la fin de la quatrième année, troismille kilolitres : non seulement elle ne recevra point le montant des douzièmes échus, mais aussi elle sera tenue envers la Ville à une indemnité qui sera fixée par le Conseil de Préfecture : sous aucun prétexte, cette indemnité ne pourra être moindre, par chaque mois de retard, de la moitié de la somme que la Compagnie aurait reçue de la ville si ses engagements eussent été exactement remplis.

Le montant de ces indemnités sera versé à la caisse de la ville.

Art. XVI. — Il sera stipulé dans le traité à intervenir, qu'à l'expiration du temps dont on sera respectivement convenu, la ville de Lyon aura la faculté ou de prendre l'entreprise pour son compte particulier, ou de la donner à une nouvelle Compagnie.

Dans le premier cas, la ville de Lyon sera tenue de prendre à son compte et à dire d'experts respectivement nommés, lesquels seront, au besoin, départagés par un tiers expert nommé par le Conseil de Préfecture ou par l'Autorité administrative qui remplacerait alors ce Conseil, tous les objets appartenant à l'entreprise, tels que bâtimens, machines, réservoirs, tuyaux de conduite, voûtes souterraines, etc., etc.

Dans le second cas, la Ville assujettira la nouvelle Compagnie à la condition dont il vient d'être parlé.

Il y aura à cet égard réciprocité d'engagements de la part de la Compagnie.

Art. XVII. — Si pendant le cours du bail ou du traité à intervenir, il survenait, par raison d'inexécution d'engagements de la part de la Compagnie, des motifs tellement graves que la Ville fût dans la nécessité de demander la résiliation du susdit traité, et que cette résiliation, après débats contradictoires, fût prononcée par l'Autorité compétente, il est formellement stipulé que, dans ce cas, la Ville ne sera tenue de prendre à dire d'experts que les seuls objets qu'elle trouverait lui être utiles ou nécessaires.

Tout ce que la Ville rejetterait redeviendrait la propriété de la Compagnie qui en disposerait comme bon lui semblerait, sans qu'il y eût lieu à aucune répétition ou réclamation contre la Ville.

Art. XVIII. — Non-seulemnet pour les cas prévus au traité à passer, mais aussi pour tous ceux non prévus, qui pourraient survenir pendant toute la durée du traité, il est expressément stipulé que toute contestation, de quelque nature qu'elle puisse être, sera nécessairement portée, comme relative à une entreprise de travaux publics, devant le Conseil de Préfecture, ou devant l'Autorité administrative qui remplacerait ce Conseil, si les lois françaises l'avaient détruit, pour y être, ladite contestation, jugée sur simples mémoires et sans frais. A ce sujet et dans le traité à intervenir, la ville de Lyon et la Compagnie s'interdiront toutes demandes ou actions judiciaires, sous quelque prétexte qu'elles soient présentées.

Les décisions du Conseil de Préfecture seront provisoirement exécutoires, sauf et sans préjudice du recours devant le Conseil d'État de Sa Majesté.

Art. XIX. — La Mairie recevra avec reconnaissance, jusqu'au premier juin prochain, les notes, observations, changements ou modifications, que le zèle du bien public pourrait porter les citoyens à lui présenter.

Dans une matière de cette nature, pour laquelle il n'existe aucun précédent, l'Administration ne saurait trop s'entourer des lumières des personnes qui peuvent avoir des connaissances acquises sur une entreprise aussi importante et aussi utile.

Après le premier juin, le cahier définitif des charges, clauses et conditions sera rédigé et soumis à l'approbation de M. le Préfet, et les soumissions reçues pour l'entreprise dont il s'agit.

Fait à l'Hôtel-de-Ville, à Lyon, le 24 mars 1824.

LE MAIRE DE LA VILLE DE LYON
Le Baron RAMBAUD

Vu et approuvé par nous, Préfet du Rhône.
Lyon, le 16 avril 1824.
Comte De BROSSES

Le délai accordé par l'article premier pour la remise des soumissions était évidemment trop court pour faciliter la formation de Sociétés ou Compagnies décidées à entreprendre à leurs risques et périls une affaire de cette importance; aussi à son expiration, la Mairie n'avait-elle reçu aucune proposition à ce sujet.

Cependant des notabilités lyonnaises, MM. de Chazournes, Charvin, Casati, Régny, Victor Coste et Dugueyt, au nom d'une Compagnie dite des Eaux, qu'ils se proposaient de constituer, avaient entendu l'appel du premier magistrat de la cité et désiraient y répondre dignement. Pour cela, il leur fallait non seulement du zèle et du courage, mais encore s'assurer des moyens d'exécution, étudier les conditions essentielles qui devaient procurer le succès de l'entreprise, explorer les localités propres à recevoir la prise d'eau, les machines élévatoires et les réservoirs nécessaires pour soutenir le service demandé. Toutes ces études exigèrent un certain temps, en sorte qu'ils ne furent en mesure de faire connaître à M. le Maire de Lyon leur intention de répondre au programme du 24 mars 1824, que le 31 octobre 1825.

Pendant cet intervalle, l'administration, voyant le peu de succès de son projet, avait repris l'idée maintes fois émise, puis abandonnée, d'amener à Lyon les eaux de la rivière d'Ain par un canal de dérivation.

MM. de Chazournes, Charvin, Casati et consorts, qui avaient eu connaissance des nouveaux projets de la Mairie et qui désiraient prendre part à leur exécution, adressèrent à M. le baron Rambaud, les propositions suivantes :

« Monsieur le Maire,

« Le projet éminemment utile qu'embrasse le programme publié par vos ordres le 24 mars 1824, fixe depuis longtemps les profondes réflexions des soussignés jaloux de s'associer à une pensée grande et vraiment digne d'une administration que signalent de nombreux bienfaits.

« Après s'être livrés à des recherches soutenues, à des travaux préparatoires multipliés, les soussignés, sûrs d'atteindre le but auquel ils doivent tendre, n'ont point hésité de s'assurer, au prix d'assez grands sacrifices, des emplacements propres à recevoir les vastes réservoirs dans lesquels les eaux du Rhône, dont l'excellence naturelle est reconnue, pourront dans tous les temps acquérir l'avantage d'une parfaite limpidité.

« Unis pour le succès de cette belle et grande entreprise, possédant des ressources suffisantes, secondés par des hommes qui présentent la double garantie des lumières et des talents, les soussignés agissant pour eux et pour leurs co-intéressés, prennent l'engagement formel de fournir journellement à la ville de Lyon, sur les points indiqués dans le programme, la quantité d'eau demandée.

« Ils étaient prêts à vous soumettre les conditions de cet engagement, lorsqu'on a réveillé l'idée plus d'une fois offerte à vos méditations d'amener à la cité, par un canal de dérivation, les eaux de la rivière d'Ain.

« Cette idée, sur laquelle les soussignés ne doivent pas exprimer en ce moment leur opinion réfléchie, mérite sans contredit un nouvel examen.

« Mais un préliminaire qu'il importe de remplir, monsieur le Maire, c'est de s'assurer s'il y a possibilité d'exécuter le canal de dérivation et en supposant ce problème résolu affirmativement, de faire dresser un état au moins approximatif des dépenses qu'entraîneront une entreprise aussi importante.

« L'avis d'un homme dont on ne saurait révoquer en doute les connaissances et les talents serait que la dépense de ces deux opérations préliminaires ne doit pas excéder quatre ou cinq mille francs.

« Les soussignés viennent donc vous proposer, monsieur le Maire, de faire exécuter le plus promptement possible :

« 1° Les nivellements nécessaires pour reconnaître l'élévation des eaux de la rivière d'Ain au point où il faudrait les prendre afin de les amener par un canal de dérivation sur un autre point pris à Lyon à une hauteur qui ne serait pas moindre de trente mètres au-dessus de l'étiage de la Saône.

« 2° De faire dresser par telle personne de l'art qui aurait votre confiance, un rapport circonstancié sur les directions à donner au canal, sur le montant approximatif des acquisitions à faire, des travaux à entreprendre, et sur les moyens d'entretien et de conservation de ce même canal.

« Les soussignés vous fourniront ensuite une soumission précise rédigée dans les deux hypothèses, savoir : suivant notre plan primitif et d'après celui du canal de dérivation. Et afin de prévoir les lenteurs que pourrait encore éprouver l'exécution de ces opérations préliminaires, les soussignés vous offrent, monsieur le Maire, de se charger de cette exécution sous la direction de la personne que vous aurez désignée, ou de faire l'avance des frais qu'entraîneront ces opérations sous les conditions que la Ville s'engagera à leur rembourser ces avances en 1826 ou 1827.

« Dans ce cas, les soussignés demanderaient toutefois que, sur votre invitation, M. le Préfet du Rhône voulût bien s'entendre avec son collègue de l'Ain pour favoriser le travail des ingénieurs.

« Les soussignés, monsieur le Maire, saisissent avec empressement cette occasion de vous offrir l'hommage de leurs respectueux sentiments.

« Lyon, le 21 octobre 1825.

« DE CHAZOURNES, CHARVIN, CASATI. »

M. le Maire communiqua cette soumission à M. Cavenne, inspecteur divisionnaire des ponts et chaussées, en le priant de vouloir bien lui donner son opinion particulière sur la possibilité de substituer à l'établissement projeté d'une pompe à vapeur un canal de dérivation qui prendrait les eaux de la rivière d'Ain, à Chazay, pour les amener à Lyon, et s'il lui était possible de se charger des études préparatoires nécessaires. Cet ingénieur lui répondit le 28 novembre 1825 :

« Monsieur le baron,

« Je commence par vous faire mes excuses d'avoir tardé jusqu'ici à répondre à la lettre que vous m'avez fait l'honneur de m'écrire le 29 octobre dernier, relativement aux moyens de donner de l'eau à la ville de Lyon par une dérivation quelconque, soit de la rivière d'Ain, soit de tout autre cours d'eau ; la multiplicité de mes occupations m'en a empêché, et je vais essayer de le faire aujourd'hui.

« Quand vous avez le premier conçu l'idée de donner de l'eau à la ville de Lyon en employant les machines à feu, vous avez cru, comme la commission que vous avez consultée, qu'il ne s'agissait pour la Ville que d'une dépense de 6 à 800.000 francs ; mais depuis la matière s'est agrandie, et, sans obtenir beaucoup plus d'eau qu'on ne l'espérait d'abord, la dépense parait devoir être double ou triple de celle à laquelle on s'était attendu. J'entends dire à cet effet, que la compagnie qui se met sur les rangs ne demande pas moins à la ville, qu'une somme annuelle de 120.000 francs représentant un capital de 2.400 000 francs.

« En supposant que je sois bien informé, en supposant encore, comme on me l'a dit, qu'on ne fournisse pour cette somme que 4.000 mètres cubes d'eau par jour, c'est-à-dire une quantité moindre que celle nécessaire pour alimenter pendant vingt-quatre heures le château d'eau de Bondy à Paris, n'est-on pas fondé à se demander si la Ville n'arriverait pas à des résultats plus avantageux pour elle, en recourant à une dérivation qui n'exigerait peut-être pas une grande augmentation de dépenses et qui augmenterait considérablement la quantité d'eau disponible ? n'est-on pas fondé à se demander si l'autorité départementale, si le gouvernement ratifieraient le marché projeté sans avoir la certitude qu'on ne peut pas faire autrement et mieux.

« Ce sont ces questions que je me suis faites à moi-même plusieurs fois et dont par hasard et par forme de conversation j'ai entretenu MM. Casati, Coste et Cie, qui ont éveillé leur attention et qui sont la cause occasionelle des renseignements que vous me faites l'honneur de me demander.

« Remarquez, en effet, que la dérivation d'un ruisseau au moyen duquel on amènerait dans les environs de Lyon un cinquième de mètre cube d'eau par seconde procurerait 17.000 mètres cubes d'eau par jour ; remarquez encore que si, au lieu d'un ruisseau c'est un cours d'eau plus important, on peut tripler cette quantité et avoir de l'eau à flots, tant pour le nettoiement des rues que pour des fontaines jaillissantes.

« On ne manquera pas sans doute de renouveler ici un reproche qu'on m'a déjà fait et de m'observer que mes indications actuelles sont en contradiction avec mes rapports antérieurs, où je fais voir de grandes difficultés à une dérivation même possible. Mais je répondrai en peu de mots, comme je l'ai déjà fait, que je raisonnais alors dans l'hypothèse où l'on obtiendrait 3.000 mètres cubes d'eau avec une dépense de 6 à 800.000 fr., et qu'à l'instant où l'on est obligé d'arriver à des millions, je ne vois pas de motifs pour n'en pas dépenser un de plus, afin de substituer un effet naturel considérable à un effet de machine toujours faible et toujours précaire. Que m'importe d'ailleurs qu'on aperçoive de la contradiction dans mes idées ; ce n'est point une discussion d'amour-propre que je veux maintenir ; c'est une discussion d'intérêt public, et si la ville de Lyon peut y gagner, je ne trouverai pas mauvais qu'on dise que je me suis trompé.

« Reste à examiner maintenant comment on peut faire une dérivation, si c'est de la Sereine prise au-dessous des moulins de M. Eynard, à Montluel, ou de la rivière d'Ain prise au-dessus de Chazay ? comment on peut faire la rigole ? quels sont les obstacles et les facilités que le terrain à parcourir donnera pour son emplacement ? quelles sont les dépenses d'une reconnaissance préliminaire, enfin à quels hommes on doit confier cette exploration ?

« Je crois qu'il n'y a que la Sereine et la rivière d'Ain qui donnent de l'eau dans les plus grandes sécheresses: c'est donc sur elles qu'il paraît qu'on doit espérer.

« Il suffit que les eaux soient amenées dans les environs de Lyon à 25 ou 30 mètres au-dessus de l'étiage du Rhône dans cette ville ; car le plan de la moyenne partie de Lyon n'étant élevé que de 6 à 10 mètres au-dessus des basses eaux du fleuve, il restera une hauteur de 15 à 20 mètres pour pertes dans les conduites, pour fontaines jaillissantes, etc. Il est entendu que les parties supérieures de Lyon depuis 25 mètres de hauteur au-dessus du Rhône jusqu'à 80 et 90 mètres seront alimentées par une petite machine à feu posée sur le bassin de dérivation.

« Ce n'est que le niveau à la main et en parcourant le terrain qu'on peut déterminer approximativement le tracé des rigoles.

« La section et la pente seront déterminées par la quantité d'eau à amener dans un temps donné.

« On ne doit faire le tracé définitif de ladite rigole qu'après s'être rendu compte de la possibilité de son exécution et de ses résultats.

« La première reconnaissance et les premiers nivellements ne doivent coûter que de quatre à six cents francs.

« Le tracé définitif, les levers de plan, l'étude des ouvrages d'art, en un mot la rédaction du projet peuvent être évalués au maximum à 1.000 francs par lieu, mais on ne devra s'y livrer que quand la possibilité du succès sera établie; et il est probable qu'on trouvera alors dans le cadastre du département de l'Ain la majeure partie des plans dont on aura besoin.

« Il m'est impossible de m'occuper en aucune manière de cette opération ; mais je serai toujours prêt à correspondre et à donner les renseignements qui dépendront de moi à celui qui en sera chargé.

« Je ne crois pas que les ingénieurs des ponts et chaussées du département aient le temps de se livrer à cette opération ; et je prends, en conséquence, la liberté de désigner, comme devant en être chargé, M. Tabareau, ancien officier du génie, aujourd'hui professeur à Lyon. S'il consent à accepter (en supposant que ce choix convienne à M. le Maire), il trouvera des agents sérieux dans les sous-officiers du génie qui sont à Lyon, dont plusieurs ont été employés au tracé du canal du Rhône.

« On ne manquera pas d'objecter, monsieur le baron, que les mesures que j'ai l'honneur de vous soumettre feront perdre un temps précieux et ne procureront peut-être aucun résultat. Je crois que, dans ce qui concerne le projet dont il s'agit, ce n'est pas perdre du temps que de réfléchir et d'aller avec lenteur et mesure.

« En supposant, d'un autre côté, qu'il soit reconnu qu'une dérivation est impossible, soit à cause des difficultés que présentent les localités, soit à cause de la grandeur des dépenses, ce résultat même négatif servira à prouver aux autorités locales et à l'administration supérieure qu'on a épuisé sans succès les combinaisons susceptibles de procurer plus d'eau, et qu'on peut, sans crainte de se tromper, revenir aux machines à feu.

« J'ai l'honneur d'être, avec la plus haute considération, monsieur le baron, votre très humble et très obéissant serviteur.

« CAVENNE. »

Le 20 décembre suivant, M. le maire transmettait à M. le préfet du Rhône, qui s'intéressait vivement à la question de l'alimentation de la seconde ville de France, la soumission de MM. de Chazournes, Charvin et Casati, accompagnée du rapport que lui avait adressé M. Cavenne sur les moyens à employer pour obtenir de l'eau en assez grande quantité, et lui faisait connaître que, n'ayant point encore fixé ses idées sur le parti qu'il convenait d'adopter, il accepterait avec reconnaissance les indications qu'il aurait la bonté de lui fournir.

M. l'ingénieur en chef Favier consulté par M. le Préfet à ce sujet, lui adressa le rapport ci-après, dans lequel, tout en admettant la possibilité d'une dérivation de la rivière d'Ain pour la fourniture d'une masse énorme d'eau, il conclut cependant en faveur des machines à vapeur comme moyen le plus économique et surtout le plus promptement réalisable pour une fourniture de 6.000 mètres cubes par jour, quantité qui paraissait à cette époque bien suffisante pour satisfaire aux besoins de la population [1].

RAPPORT SUR LE CHOIX DES MOYENS A EMPLOYER POUR PROCURER DES EAUX JAILLISSANTES A LA VILLE DE LYON.

« Monsieur le Préfet,

« Depuis plusieurs années, l'administration s'occupe du projet d'amener une grande masse d'eau sur les hauteurs qui dominent la ville de Lyon, afin de la distribuer ensuite dans ses divers quartiers, pour alimenter les fontaines publiques et nettoyer les rues; mais jusqu'à ce jour elle est restée indécise sur le choix des moyens à employer pour obtenir cette importante amélioration.

1 En 1826, la population de Lyon, non compris les faubourgs de la Croix-Rousse de Vaise et de la Guillotière, n'était que de 142.466 habitants.

Élèvera-t-on les eaux du Rhône au moyen de machines à vapeur, ou bien les amènera-t-on dans un bassin situé à 30 mètres au-dessus de l'étiage du Rhône par une dérivation de la Sereine ou de l'Ain.

« Telle est, monsieur le comte, la question sur laquelle vous m'avez fait l'honneur de me consulter et que je vais essayer, sinon de résoudre mais du moins de ramener à sa plus simple expression.

« D'abord il est incontestable que les eaux du Rhône élevées en amont de Lyon par des machines à vapeur, seront infiniment plus pures que celle de la Sereine où de l'Ain amenées de très loin par une dérivation à ciel ouvert. Ensuite il est évident que la chance d'interruption dans le service des eaux sera beaucoup plus grande avec une dérivation, que dans l'hypothèse des machines à vapeur, en nombre double de celui qui serait en activité. Enfin il est certain que si la durée des travaux doit être prise en considération, cet élément de la question est encore favorable aux machines à vapeur, puisqu'un an suffira pour leur établissement, tandis que suivant le cours ordinaire des choses et même en admettant qu'on ne trouvera aucune de ces entraves qui causent de si grands retards dans la confection des ouvrages de ce genre, on ne peut guère espérer de voir le canal de dérivation terminé avant dix ans.

« Cependant pour simplifier la question, je n'entrerai pas dans toutes ces considérations et je me bornerai à faire remarquer que comme elles sont favorables au système des machines à vapeur, elles doivent le faire prévaloir dans le cas où, sous le rapport de l'économie, il serait indifférent d'employer l'un ou l'autre système.

« La première question à examiner est celle de la prise d'eau, et à cet égard je conviens qu'un nivellement exact peut seul déterminer à quelle distance au-dessus de Montluel le canal de dérivation viendrait couper le cours de la Sereine, mais comme une simple inspection des localités suffit pour donner la certitude que cette distance serait très considérable et qu'alors on ne pourrait prendre les eaux de la Sereine que dans un point assez élevé de son cours, où le volume d'eau deviendrait insuffisant ou tout-à-fait insalubre, puisqu'il faudrait le tirer des étangs supérieurs, je suis convaincu qu'on sera forcé de dériver les eaux de l'Ain au-dessus du pont de Chazay et en conséquence je ne raisonnerai que dans cette hypothèse.

« Maintenant si l'on veut bien remarquer que relativement à la fourniture diurne d'un certain volume d'eau, 5.000 mètres cubes, par exemple, la dépense de l'établissement des machines à vapeur avec ses accessoires ne s'élèvera pas à la quinzième partie de celle qui serait nécessaire pour la confection d'un canal de dérivation dont le développement serait au moins de 50.000 mètres, on verra que sous le rapport des capitaux engagés dans le premier établissement l'emploi des machines à vapeur présente une grande économie.

« Et il en sera de même sous le rapport des dépenses annuelles, car en évaluant les frais d'entretien et de conservation du canal de dérivation *au centième*, ceux de consommation de combustible et d'entretien des machines à vapeur *au cinquième* des dépenses respectives de confection, et en admettant que le taux de l'intérêt est de 5 pour cent, on voit que l'emploi des machines présente une économie annuelle de 0,0433 de la dépense du canal de dérivation.

« Mais si, au lieu de 5.000 mètres cubes d'eau, on voulait disposer de 10.000 mètres cubes par jour, on conçoit que l'économie serait moins considérable, puisque les frais de confection du canal n'éprouveraient qu'une faible augmentation, tandis que ceux de l'établissement des machines à vapeur et de leur consommation annuelle seraient presque doublés.

« Cependant il y aurait encore avantage à employer des machines à vapeur, même en supposant que la dépense du canal de dérivation n'augmentera pas, et cet avantage serait représenté par une économie annuelle de 0,0266 du capital engagé dans la confection du canal de dérivation.

« Enfin, poursuivant ce raisonnement, on conçoit que, d'après la loi qu'on vient d'établir, il y a un certain volume d'eau pour la fourniture duquel il devient indifférent d'employer les machines à vapeur ou le canal de dérivation, et le calcul fait voir que ce volume est de 20.000 mètres cubes. Encore convient-il de faire remarquer que les hypothèses qui servent de base à ce calcul sont toutes défavorables au système des machines à vapeur, ainsi qu'il est facile de s'en rendre compte par les aperçus suivants :

ESTIMATION APPROXIMATIVE DE LA DÉPENSE ANNUELLE POUR AMENER LES EAUX DANS LE RÉSERVOIR PAR UN CANAL DE DÉRIVATION.

« En évaluant à 60 francs le prix par mètre courant d'un canal de dérivation dont la section et la pente seraient relatives à la fourniture diurne de 20.000 mètres cubes d'eau, il est certain qu'on sera plutôt en dessous qu'en dessus de la vérité, car, sans parler des nombreux ouvrages d'art que l'on sera obligé de construire, depuis la prise d'eau jusqu'au coteau de la Pape, on conçoit facilement que le reste de la dérivation exigera des dépenses énormes, soit pour les indemnités de terrain et de maisons qu'il faudra traverser, soit pour la construction des aqueducs qu'il faudra élever, à vingt mètres de hauteur, dans toutes les parties où le coteau est coupé à pic, ainsi que cela a lieu sur une grande étendue. Or, à 60 francs le mètre, les 50.000 mètres de développement du canal de dérivation coûteront 3.000.000 dont l'intérêt à 5 pour 100 sera de. . . . . 150.000 fr.

« A quoi il faut ajouter les frais d'entretien et de conservation évalués au centième de la dépense. . 30.000 fr.

« D'où il résulte que la fourniture de 20.000 mètres cubes d'eau par jour au moyen d'un canal de dérivation coûteront annuellement. . . . . 180.000 fr.

Estimation approximative de la dépense annuelle pour élever les eaux du Rhône jusqu'au réservoir, au moyen de machines a vapeur.

« On évalue à 6.000 unités dynamiques l'effet diurne d'une machine à vapeur de la force d'un cheval; mais lorsque cette force est appliquée à une autre machine, il y en a nécessairement une partie qui est employée à vaincre les frottements, et que, par conséquent, il faut déduire l'effet absolu pour connaître l'effet utile. Or, dans le cas dont il s'agit, les machines à vapeur étant destinées à élever l'eau du Rhône à 30 mètres de hauteur au moyen de pompes, si l'on diminue d'un tiers l'effet absolu, pour tenir compte des frottements, on peut être certain que l'effet utile sera au-dessous de sa véritable valeur. Cependant, même en admettant cette hypothèse et en calculant toujours de la manière la moins favorable au système de machines, on verra :

« 1° Que pour élever 5.000 mètres cubes d'eau par jour à 30 mètres de haut, une machine de 40 chevaux sera plus que suffisante.

« 2° Que pour produire cet effet, la machine consommera pour 80 francs de combustible par jour, ce qui portera sa consommation annuelle à 29.200 francs, ou, en nombre rond. . 30.000 fr.

« 3° Que pour tenir compte de l'intérêt du prix de deux semblables machines, dont l'une seulement sera constamment en activité, il faut, à raison de 6.000 francs chacune, porter. 6.000

« 4° Enfin, que les frais annuels d'entretien et de réparation s'élèveront au plus à. 4.000

Total. . . 40.000

« De sorte qu'en quadruplant cette somme on aura la dépense annuelle relative à la fourniture de 20.000 mètres cubes d'eau par jour, ci. . . . . 160.000 fr.

« A quoi ajoutant l'intérêt du capital employé à la confection des bâtiments, aqueducs et tuyaux de conduite jusqu'au réservoir avec les frais d'entretien, ci. 15.000

TOTAL 175.000

« On voit que l'emploi des machines à vapeur présenterait encore une économie annuelle de *5.000* francs, puisque la fourniture de 20.000 mètres cubes d'eau, par le canal, doit coûter au moins *180.000* francs.

« On est donc en droit de conclure de tout ce qui précède que si le volume d'eau nécessaire pour alimenter les fontaines et satisfaire aux demandes particulières est inférieur ou même égal à 20.000 mètres cubes par jour, le système des machines à vapeur doit obtenir la préférence, et que la question du choix à faire entre ce moyen et celui du canal de dérivation se réduit à savoir quel est le volume d'eau que peuvent exiger les besoins généraux et particuliers de la ville de Lyon.

« Quant à cette dernière question, je n'entreprendrai pas de la résoudre, car il faudrait que j'eusse plus de documents, et surtout plus de temps à ma disposition pour le faire d'une manière satisfaisante, je me bornerai seulement à faire remarquer que mon prédécesseur [1] avait établi, par des raisonnements très spécieux, que 2.000 mètres cubes suffiraient pour alimenter les fontaines publiques, et que, par une sage prévoyance, M. le maire de Lyon, dans son prospectus du 24 mars 1824, avait fixé à 3.000 mètres cubes le volume que la Compagnie concessionnaire serait tenue de fournir chaque jour. Ainsi en doublant ce volume, il semble que tous les besoins seraient amplement satisfaits, surtout si on fait attention que, par sa position hydrographique, l'atmosphère de Lyon étant surchargée d'humidité, il ne convient pas d'en augmenter la masse par un luxe déplacé de nappes ou de courants d'eau.

« D'après ces observations, l'emploi des machines à vapeur me paraît mériter la préférence, et, dans toute hypothèse, je ne vois aucun inconvénient à l'admettre ; car, d'une part, il ne serait pas un obstacle à l'exécution d'un canal de dérivation si, par la suite, on jugeait utile de le faire, et, de l'autre, il présente le seul

[1] M. Cavenne, en 1822.

moyen d'obtenir une importante amélioration de l'état actuel des choses, avec la plus grande économie possible de temps et d'argent.

« L'ingénieur en chef du Rhône. »

« A Lyon, le 31 mars 1826. « FAVIER. »

Les fondateurs de la Compagnie des Eaux du Rhône, ne recevant pas de réponse aux propositions qu'ils avaient adressées le 21 octobre dernier à l'administration, remirent, le 1er avril 1826, à M. le Maire, une nouvelle soumission datée du 30 mars et par laquelle MM. de Chazournes, Charvin, Casati, Dugueyt, Aimé et Antoine Régny s'engageaient pour eux et pour la Compagnie qu'ils se proposaient de constituer à fournir journellement pour l'alimentation des bornes-fontaines de la ville de Lyon, conformément aux conditions du programme publié le 24 mars 1824, 3.000 mètres cubes d'eau puisée dans le Rhône, et soumise, avant toute distribution, à un repos de douze heures au moins dans un réservoir d'épuration.

Pour cette fourniture journalière de 3.000 mètres cubes d'eau, la Compagnie demandait à la Ville, en outre de plusieurs concessions importantes :

1° Une subvention annuelle de 180.000 francs.

2° En plus de cet abonnement et à titre d'indemnité pour l'intérêt des capitaux avancés par la Compagnie pendant le temps que l'on mettrait pour exécuter les travaux de premier établissement, 60.000 francs pour la première année, 80.000 francs pour la seconde, 100.000 francs pour la troisième, et 120.000 fr. pour la quatrième. Toutefois cette indemnité devait cesser le jour où le prix principal de 180.000 francs de la fourniture devenait exigible.

3° Une augmentation du prix de l'abonnement annuel de dix en dix ans, proportionnellement à la dépréciation qu'éprouverait la valeur monétaire par suite de la trop grande quantité de numéraire, et cela en se basant sur l'augmentation combinée du prix de la journée de travail d'un manœuvrier de première force dans la banlieue de Lyon, et d'un pionnier également de première force dans la ville ou ses faubourgs. Le prix combiné était formé de l'élévation des salaires journaliers au mois de juin de chacune des années de la période; et il était reconnu, comme premier terme de comparaison, qu'à ce moment la journée du manœuvrier était de 1 fr. 50, et celle du pionnier de 2 francs.

4° L'acquisition par la Ville, à l'expiration du traité (soit après 99 ans) de tous les emplacements, constructions, machines et installations diverses constituant le matériel de la Compagnie, dont la valeur en serait fixée relativement à leur destination première d'après l'estimation qui en serait faite par trois experts.

Ces conditions et plusieurs autres, comme, par exemple, la concession gratuite par la Ville d'un emplacement de 100 mètres de long sur 13 mètres de large à prendre dans les fossés du rempart de la Croix-Rousse, pour servir à l'établissement d'un château d'eau et de lavoirs destinés à la population de ce quartier, l'engagement, si le courant du Rhône s'éloignait du cours Saint-Clair, de supporter toutes les dépenses nécessaires pour en ramener les eaux au puits de la Compagnie, l'obligation, pour la Ville, d'indemniser la Compagnie de toutes dégradations ou dommages qui seraient l'effet de la malveillance, parurent tellement exorbitantes, que M. de Lacroix-Laval, maire de Lyon, ne pensa pas qu'en l'état il puisse être question pour la Ville d'y accéder.

Aussi, dans le rapport qu'il présenta au Conseil municipal en lui communiquant les deux soumissions que lui avait adressées la Compagnie des Eaux du Rhône, accompagnées des rapports de MM. Cavenne et Favier sur la possibilité de procurer l'eau nécessaire aux besoins de la Ville par la dérivation d'un cours d'eau, M. le Maire, tout en déclarant que la population entière attendait avec impatience de voir commencer l'exécution d'un projet si utile et si annoncé depuis longtemps, dont la réalisation serait comptée au nombre des principaux bienfaits de l'administration, se contenta-t-il d'appeler tout le zèle et tous les efforts des conseillers à ce sujet, et de proposer la formation d'une Commission spéciale qui, après en avoir conféré avec les personnes de l'art qu'elle jugerait convenable de consulter, proposerait les mesures qu'elle croirait propres à assurer une réussite complète tout en sauvegardant les intérêts de la Ville.

Dans la séance du 12 mai 1826, le Conseil municipal adopta la proposition de M. le Maire, et désigna comme membres de la Commission spéciale des Eaux, MM. Mottet de Gérando, Henry de Bellevue et Basset de la Pape.

Toutefois, préoccupé de l'énormité de la dépense nécessaire pour réaliser dans toute son étendue le programme du 24 mars 1824, M. le Maire, prenant en considération et les intérêts de la Ville et les besoins de la population, pensa qu'il convenait de s'occuper d'abord des moyens de fournir de l'eau aux quartiers qui en étaient presque entièrement dépourvus, principalement sur les hauteurs voisines du centre du commerce où la pénurie d'eau était devenue si pressante qu'un plus long retard dans l'exécution du projet annoncé pouvait ralentir l'impulsion donnée aux constructions nouvelles. Dans ce but, il chargea M. Carron d'étudier le projet que cet ingénieur lui présenta le 21 août 1826.

Des motifs d'économie firent attacher de l'importance au parti qu'on pouvait tirer des terrains appartenant à la Ville pour l'établissement des réservoirs, d'autant plus que la réduction de la quantité d'eau demandée rendait cette condition facile au moyen des trois emplacements de la place des Colinettes, du Jardin des Plantes et de l'ancien château d'eau du quai Monsieur.

Le nouveau projet dressé par M. Carron comprenait trois systèmes de distribution séparés : Le premier, ayant son centre sur la place des Colinettes, alimentait les quartiers nouveaux au nord de la Ville jusqu'à une hauteur de soixante mètres au-dessus de l'étiage de la Saône ; le second, partant du jardin des Plantes, fournissait de l'eau à la partie basse de la Ville, ainsi qu'à un petit nombre de fontaines sur la rive droite de la Saône ; L'ancien château d'eau du quai Monsieur que l'on rétablissait pour alimenter les fontaines de la place Bellecour, de la rue Saint-Dominique et de la place des Célestins, formait le troisième.

Pour la partie méridionale de la Ville, depuis la place Bellecour, ainsi que pour les hauteurs placées au-dessus de Saint-Georges, on présumait qu'elles pourraient être alimentées par les machines à vapeur que l'industrie privée allait multiplier dans la presqu'île Perrache. En ce qui concernait spécialement le quartier de l'Hôpital que la distribution du jardin des Plantes ne pouvait atteindre, il devait être alimenté par la machine à vapeur que l'on se proposait d'établir pour le service de cet établissement. Enfin le projet délaissait complètement les hauteurs de la Ville voisines de la Croix-Rousse, en raison de ce que la population étant encore peu nombreuse sur ces points elle devait trouver des ressources pour son alimentation dans les nouvelles fontaines établies un peu plus bas; que, du reste, il serait facile de pourvoir à cette insuffisance en donnant à la machine à vapeur un excédant de force pour lui permettre d'élever les eaux jusqu'à un réservoir qui serait établi par la suite sur la place des Bernardines.

Les 2.400 mètres cubes d'eau qu'on se proposait de fournir par jour devaient être répartis entre les fontaines désignées ci-après :

1° 6 fontaines monumentales ou de premier ordre, donnant chacune 200 litres par minute et coulant pendant 12 heures par jour, ensemble . . . . 864 m. c.

2° 9 fontaines de deuxième ordre, donnant chacune 100 litres par minute et coulant pendant 12 heures par jour, ensemble 648

3° 41 bornes-fontaines, donnant chacune 50 litres par minute et coulant pendant 6 heures par jour, ensemble 738

4° En réserve 150

TOTAL . . . . . 2.400 m. c.

Ces *fontaines* devaient être établies sur les points suivants :

Fontaines monumentales. — 2, Place Louis-le-Grand; 1, place des Terreaux, des Célestins, de Roanne et Saint-Jean.

Fontaines de deuxième ordre. — 2, place Sathonay et port de Bourgneuf; 1, port Saint-Clair, places de la Croix Pâquet, Saint-Pierre, du Change et de la Douane.

Bornes-fontaines. — 2, Clos des Colinettes, rues Imbert-Colomès, des Tablettes-Claudiennes, Mermet, de la Vieille-Monnaie, des Capucins, rue projetée de la place des Terreaux à la place Confort, place de la Comédie; 1, Côtes Saint-Sébastien, des Carmélites et Grande-Côte, rues Neyret, Saint-Marcel, Sainte-Catherine, des Bouchers, des Augustins, Lanterne, Bât-d'Argent, des Trois-Carreaux, Grenette, Tupin, Saint Dominique et Saint-Jean, quais Saint-Vincent, des Augustins, du Duc de Bordeaux, Villeroy et Saint-Antoine, places de la Boucherie, de la Platière, de l'Herberie et Saint-Nizier.

L'eau puisée dans le Rhône et élevée au moyen de machines à vapeur devait être soumise au repos dans les réservoirs avant sa distribution.

Le réservoir projeté sous la place des Colinettes était divisé en deux bassins voûtés pouvant contenir chacun 450 mètres cubes; l'eau y était élevée à 68 mètres au-dessus de l'étiage de la Saône (altitude 228,78) et il devait en distribuer journellement 312 m. c.

Celui à établir au Jardin des Plantes se composait de quatre bassins de même forme et de même capacité, étagés les uns au-dessus des autres de 2 mètres; cette disposition, en se rapprochant de la forme pentive que présentait le terrain, non seulement diminuait le volume des déblais à effectuer, mais encore permettait de laisser reposer pendant plus longtemps les eaux qui, en se déversant d'un bassin dans l'autre, devaient former de larges nappes et produire un très bel effet décoratif. Chaque bassin devant contenir 900 mètres cubes, la capacité totale aurait été de 3.600 mètres cubes. Dans le bassin inférieur, qui, seul, devait servir à la distribution estimée à 1.638 mètres cubes par jour, l'eau y était élevée à 22 mètres au-dessus de l'étiage de la Saône (altitude 182,78).

Les mêmes machines et la prise d'eau à établir vers la porte Saint-Clair devaient alimenter les deux réservoirs des Colinettes et du Jardin des Plantes.

Quant à l'ancien Château d'eau qui devait fournir journellement 450 mètres cubes, on se contentait de rétablir la cuvette en plomb qui existait dans la partie supérieure, avant sa suppression à l'époque de la Révolution, pour en faire un réservoir d'une capacité de 245 mètres cubes dans lequel l'eau, puisée directement dans le Rhône au moyen d'une conduite, devait y être élevée à 20 mètres de hauteur (altitude 180,78) par une machine à vapeur installée dans la partie inférieure [1].

Enfin la dépense présumée de premier établissement était évaluée par M. Carron ainsi qu'il suit :

1° ALIMENTATION

		fr.	
Acquisition de terrain pour le bâtiment des machines devant alimenter les réservoirs des Colinettes et du Jardin des Plantes		100.000	310.000
Machines à vapeur, bâtiment, aqueduc, tuyaux de prise d'eau et d'ascension	Pour les réservoirs des Colinettes et du Jardin des Plantes	170.000	
	Pour l'ancien Ch. d'eau	40.000	

2° RÉSERVOIRS

De la place des Colinettes	27.000	136.400
Du Jardin des Plantes	80.000	
De l'ancien Château d'eau	29.400	

3° DISTRIBUTION

Du réservoir des Colinettes	55.000	357.000
— — du Jardin des Plantes	260.000	
— — de l'ancien Château d'eau	23.000	
Tuyaux d'ajustage et de décharge	19.000	
DÉPENSE TOTALE		fr. 803.400

[1] Ce château d'eau avait été construit en 1735 pour alimenter les fontaines décoratives de la place Bellecour. Il était primitivement établi sur la courtine du bastion Villeroy, en face de la rue des Basses-Brayes; mais lorsque M. Rigod de Terrebasse voulut régénérer ce quartier en construisant les maisons monumentales en façade

Quant à la dépense annuelle qui devait servir à déterminer le prix de revient du mètre cube d'eau fournie, M. Carron ayant oublié de la mentionner dans son rapport, en procédant avec les mêmes éléments et de la même façon que M. l'ingénieur en chef Favier, et à seule fin de pouvoir comparer entre elles les diverses solutions proposées à cette époque, nous l'estimerons à 80,000 fr.; et par suite le prix du mètre cube d'eau à 33 fr. 33 cent. au lieu de 60 fr. que demandait la Compagnie des Eaux du Rhône dans sa soumission du 30 mars 1826.

C'est en vue de l'exécution de ce projet qui paraissait remplir les conditions nécessaires pour satisfaire aux besoins les plus pressants de la population, tout en sauvegardant ses intérêts, que l'administration se décida à le comprendre dans les dépenses pour lesquelles elle fut autorisée à faire un emprunt de 3.400.000 francs conformément aux dispositions de la loi du 9 mai 1827, dont la teneur suit :

« Charles, par la grâce de Dieu, Roi de France et de Navarre, à tous présents et à venir, salut.

« Nous avons proposé, les Chambres ont adopté, Nous avons ordonné et ordonnons ce qui suit :

« *Article unique.* — La ville de Lyon est autorisée à emprunter à un intérêt qui ne pourra pas excéder cinq pour cent, une somme de *trois millions quatre cent mille francs*, remboursable en douze années, à partir de 1829, afin de subvenir aux dépenses à faire pour le Grand-Théâtre, pour l'Entrepôt des sels, pour les Abattoirs publics, pour le quai du Duc de Bordeaux, pour la presqu'île Perrache et pour la conduite des eaux nécessaires à ladite ville.

« La présente loi, discutée, délibérée et adoptée par la Chambre des Pairs et par celle des Députés, et sanctionné par nous cejourd'hui, sera exécutée comme loi de l'État ; voulons, en conséquence, qu'elle soit gardée et observée dans tout notre royaume, terres et pays de notre obéissance.

sur l'ancien quai Monsieur et la place de la Charité jusqu'à la rue des Marronniers, il obtint du Consulat, par un traité en date du 2 septembre 1767, rendu exécutoire comme entreprise d'utilité publique par arrêt du Conseil d'État et par lettres patentes des 12 juin et 16 juillet 1770, l'autorisation de le démolir et de se servir de l'emplacement pour ses nouvelles constructions et l'établissement du nouveau quai, à la condition d'en rebâtir un nouveau de même hauteur et de mêmes dimensions, à l'intérieur de la masse situé entre le quai et la rue des Marronniers, sur un terrain qui devait rester la propriété de la Ville. Déclaré propriété nationale à l'époque de la Révolution, ce château d'eau fut réclamé et rétrocédé à la Ville en 1805, puis finalement vendu le 20 septembre 1839 au sieur Chambe, pour le prix de 26.500 francs. Il était desservi par le passage qui communique du n° 3 de la rue des Marronniers au n° 6 actuel du quai de la Charité, où est encore placée l'entrée principale des bâtiments qui le composaient et qui sont actuellement occupés par l'hôtel de la Drôme.

« Si donnons en mandement à nos Cours et Tribunaux, Préfets, Corps administratifs, et tous autres, que les présentes ils gardent et maintiennent, fassent garder, observer et maintenir, et, pour les rendre plus notoires à tous nos sujets, ils les fassent publier et enregistrer partout où besoin sera : car tel est notre plaisir ; et, afin que ce soit chose ferme et stable à toujours, nous y avons fait mettre notre scel.

« Donné au château des Tuileries, le neuvième jour du mois de mai de l'an de grâce 1827, et de notre règne le troisième: — Signé : CHARLES. — Par le Roi : Le ministre, secrétaire d'État au département de l'intérieur. — Signé : CORBIÈRE. — Vu et scellé du grand sceau : Le garde des sceaux de France, ministre secrétaire d'État au département de la justice. — Signé : Comte DE PEYRONNET. »

Dans sa séance du 8 mai 1827, le Conseil municipal arrêta que la Commission chargée de présenter ses vues sur les moyens de procurer des eaux aux fontaines de la Ville, serait composée de cinq membres. Les trois anciens membres, MM. Mottet de Gérando, Basset de la Pape et Henry de Bellevue furent conservés, et MM. Delphin et Servan désignés au scrutin pour compléter la nouvelle commission.

A la suite du rejet des premières propositions faites par la Compagnie des Eaux du Rhône, une Compagnie propriétaire de vastes terrains, situés sur le versant de la Boucle, pensa que cette position, plus rapprochée de la ville que celle que possédait à l'extrémité du cours d'Herbouville les premiers soumissionnaires, devait lui permettre de traiter plus avantageusement qu'eux.

Toutefois elle ne voulut s'engager qu'à satisfaire une partie du programme de 1824, en offrant seulement d'élever du Rhône dans ses réservoirs 3.200 mètres cubes d'eau que la ville aurait eu à sa disposition, aux conditions stipulées dans sa soumission du 6 août 1827, dont la teneur suit :

« Les soussignés agissant, savoir :

« MM. Flachat et Caffarel frères, et M. Joseph Maupetit pour les trois quarts, conjointement entr'eux, tant pour eux que pour les personnes qu'ils se réservent de faire connaître ultérieurement.

« Et M. Gavinet pour un quart, soit pour lui, soit pour ceux qu'il indiquera.

« Font l'offre à M. le Maire de la ville de Lyon, de se charger de la fourniture des eaux destinées aux fontaines publiques existantes et projetées, conformément aux dispositions expliquées ci-après.

« ARTICLE PREMIER. — La Compagnie n'entendant s'occuper en aucune manière de la distribution des eaux, opération qu'il convient de laisser aux soins de l'administration, bornera l'objet de son entreprise à élever les eaux du Rhône dans ses réservoirs, où elles seront soumises à un repos de douze heures avant d'être jetées dans les tuyaux de conduite.

« ART. 2. — La quantité d'eau que la Compagnie s'engage à fournir chaque jour est fixé à *trois mille deux cents kilolitres*, dont 2.600 seront reçus dans un réservoir qui sera établi dans la partie basse du clos, connu sous le nom de *Clos Mollière*, situé montée de la Boucle, que la Compagnie se propose d'affecter à cet établissement, et 600 seront reçus dans un autre réservoir qui sera établi dans la partie intermédiaire de ce même clos.

« ART. 3. — Les eaux du Rhône seront prises en face du chemin de la Boucle et amenées dans le puits qui sera pratiqué dans la partie basse du clos dont il a été parlé, soit par infiltration, et en cas d'insuffisance par une galerie souterraine qui se prolongerait jusqu'à l'étiage du Rhône ; les eaux seront élevées par le jeu de plusieurs pompes mises en mouvement par une machine à vapeur.

« ART. 4. — La Compagnie se charge de tous les frais relatifs à l'établissement des machines à vapeur et des pompes, à la construction des réservoirs, du puits, de la galerie, des tuyaux d'aspiration et d'ascension ; elle met également à sa charge les dépenses annuelles de combustible et d'entretien des machines, ainsi que de tous les frais de réparation concernant les réservoirs, le puits, la galerie et les tuyaux d'ascension et d'aspiration.

« ART. 5. — Pour éviter les chances d'interruption de service qui pourraient être causées par des réparations devenues nécessaires, la Compagnie établira deux machines à vapeur ayant chacune la force suffisante, afin que l'une soit toujours prête à remplacer celle dont le mouvement se trouverait suspendu. Le système des pompes sera également double.

« ART. 6. — Afin de satisfaire à la condition du dépôt préalable des eaux, les réservoirs seront composés de deux bassins ayant chacun la capacité nécessaire pour contenir pour la partie basse 2.600 kilolitres, et pour la partie intermédiaire 600 kilolitres.

« ART. 7. — Toutes les dépenses relatives à la conduite et à la distribution des eaux, depuis les réservoirs jusques aux fontaines publiques, demeureront à la charge de la ville.

« Art. 8. — Pour rembourser la Compagnie de ses avances, de l'intérêt de ses capitaux et de ses dépenses d'entretien, il lui sera payé annuellement par la ville la somme de *quatre-vingt-dix mille* francs, payable chaque mois par douzième et sur mandat de M. le Maire.

« Art. 9. — La durée de la Société et de l'Entreprise est fixée à quatre-vingt dix-neuf ans ; à cette époque la Ville pourra faire l'acquisition à dire d'experts du terrain et des constructions, machines et appareils, consacrés au service des eaux de la Ville.

« Art. 10. — La Compagnie s'engage à terminer tous les travaux nécessaires pour la fourniture des eaux dans l'espace de deux ans, à partir de l'approbation du traité par l'autorité supérieure et de la remise qui lui aura été faite de cette approbation définitive ; mais elle n'entend pas éprouver une perte quelconque par suite des retards que l'administration pourrait mettre dans les dispositions relatives à la distribution des eaux ; en conséquence, la rente annuelle demandée devra courir dès le moment où elle pourra faire ses fournitures, lors même que les canaux de distribution ne seraient point encore achevés par la Ville ; à ce sujet il est expliqué, que si au boutde ces deux ans, l'administration se trouvait en mesure de distribuer une partie seulement de la quantité d'eau convenue, la Compagnie n'aurait à élever que cette même quantité, jusques à l'achèvement des travaux de distribution, et que cette circonstance ne donnerait lieu à aucune retenue sur la redevance payée par la Ville, non plus que la circonstance ci-dessus prévue, où l'administration ne serait pas encore en mesure de distribuer une portion quelconque des eaux.

« Art. 11. — La Compagnie se réserve d'arrêter ultérieurement, de concert avec l'administration, toutes les mesures de détail que la présente soumission pourra rendre nécessaires.

« Art. 12. — Les soussignés font élection de domicile pour eux tous en l'étude de Me Casati, notaire à Lyon.

« Fait à Lyon, le six août mil huit cent vingt-sept. Signé : Flachat et Caffarel frères, Maupetit, Gavinet. »

Le 27 mars 1828, la Compagnie compléta sa soumission en proposant à la Ville de se charger de la fourniture des tuyaux de la canalisation nécessaire pour la distribution des eaux, par l'engagement suivant :

« Les soussignés Flachat et Caffarel frères, négociants à Lyon, Jean-Jacques Gavinet et Joseph Maupetit, tous deux rentiers aussi demeurant en ladite ville.

« Font à M. le Maire de la ville de Lyon, l'offre additionnelle à leur précédente soumission, de fournir à la ville les tuyaux de fonte nécessaires à la conduite des eaux, d'après la quantité de mètres et selon les diamètres exprimés dans un devis fait par M. Carron, ingénieur de la ville, faisant suite à un précédent devis pour élever les eaux dans le clos des soussignés, et ce, moyennant la somme de sept cent mille francs qui leur seront payés par la ville, par septième, d'année en année à partir du 1er janvier 1831, avec intérêt à 6 pour 100 annuellement.

« Expliquant qu'ils feront confectionner ces tuyaux à emboîtement ou à tulipe, qui est le genre aujourd'hui généralement employé, et non à brides, et qu'ils n'entendent pas se charger des robinets ni de la pose de ces tuyaux.

« Lyon, le 27 mars 1828.

« Signé : FLACHAT et CAFFAREL frères, MAUPETIT, GAVINET. »

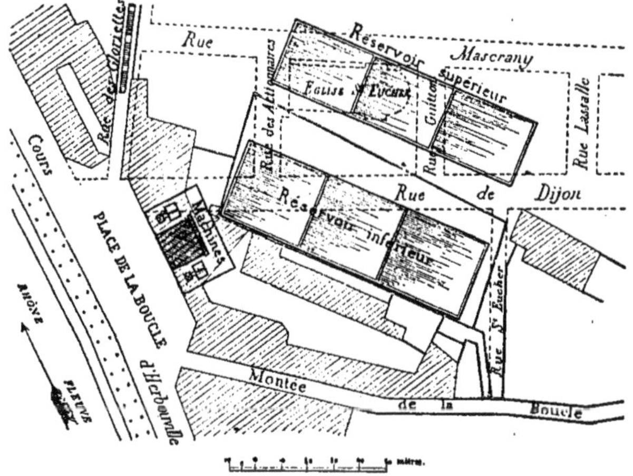

PLAN DES INSTALLATIONS

DE LA COMPAGNIE FLACHAT CAFFAREL FRÈRES, MAUPETIT ET GAVINET

Les lignes pointillées indiquent
les rues ouvertes dans le clos Mollière depuis 1830

Si aux 90.000 fr. de subvention demandés par la Compagnie Flachat, nous ajoutons les frais laissés à la charge de la Ville, que nous estimons à 75.000 fr., tant pour la surveillance et l'entretien des conduites de distribution que pour l'intérêt du capital nécessaire à leur premier établissement, nous arrivons à une dépense totale annuelle de 165.000 fr. pour une fourniture diurne de 3,200 mètres cubes d'eau, ce qui porte à 51 fr. 56 le prix de revient du mètre cube.

Mais en raison de ce que la soumission présentée par la Compagnie Flachat laissait à la charge de la Ville la distribution des eaux, qui était la partie la plus délicate du service, et par conséquent ne remplissait pas les conditions du programme de 1824, l'administration refusa de la prendre en considération malgré l'offre additionnelle pour la fourniture des tuyaux de fonte nécessaires à la canalisation.

Nous mentionnerons, pour mémoire, un projet qui fut présenté au commencement de 1827 et qui ne différait de celui dressé par M. Carron que par le choix des emplacements. Les auteurs de ce projet proposaient pour établir les installations nécessaires un terrain très avantageusement disposé qu'ils possédaient à proximité de la Ville.

L'eau du Rhône était élevée à la hauteur convenable pour alimenter les fontaines publiques de la Ville, en y comprenant la consommation présumée du faubourg de la Croix-Rousse.

Le réservoir inférieur, d'une capacité de 3,000 mètres cubes, était projeté sur la partie basse du terrain et placé à 32 mètres au-dessus de l'étiage de la Saône (altitude de 192,78). Le réservoir intermédiaire destiné à alimenter les quartiers des Capucins, des Colinettes et des Bernardines, d'une capacité de 800 mètres cubes, était établi à 55 mètres au-dessus du même étiage (altitude 215,78), afin de pouvoir conduire les eaux dans la galerie souterraine du clos Alhumbert. Enfin le réservoir supérieur, d'une capacité de 600 mètres cubes, qui devait servir au faubourg de la Croix-Rousse, était porté à 90 mètres au-dessus de l'étiage de la Saône (altitude 250,78).

Mais, de même que pour la Compagnie Flachat, les auteurs de ce projet désiraient se borner à élever les eaux pour les mettre en dépôt dans des réservoirs, en laissant à la Ville le soin de leur distribution aux fontaines publiques, se contentant d'établir les machines à vapeur avec le mécanisme des pompes, de construire les réservoirs, le puits et la galerie de prise d'eau avec les tuyaux d'aspiration et d'ascension.

Ces conditions qui ne remplissaient par le but que l'administration se proposait, firent qu'elle ne voulut pas entrer en pourparlers avec les auteurs d'un projet qui fut abandonné sans avoir été étudié autrement que d'une façon très superficielle.

Vers la fin de l'année 1827, M. Flacheron proposa un nouveau projet pour l'alimentation de la Ville. Ce projet, sauf pour la partie décorative qui pouvait présenter quelque intérêt, n'était pas sérieux et d'autant moins réalisable que l'eau qu'il proposait de distribuer était celle de la Saône, prise vers le pont du Change, c'est-à-dire après avoir reçue les déjections du faubourg de Vaise et de la moitié de la Ville. En voici l'exposé d'après son auteur :

EXPOSÉ D'UN PROJET DE TRAVAUX PROPRES A FOURNIR DES EAUX ABONDANTES A 180 FONTAINES CONSTRUITES OU A CONSTRUIRE DANS LA VILLE DE LYON.

« Construire sur le plateau de rochers qui occupe le centre du bassin de la Saône, un monument dont la forme présenterait le double avantage de contenir dans son soubassement les pompes à vapeur et d'en faire exhaler la fumée à une très grande élévation. — Recevoir les eaux poussées par ces machines motrices dans de vastes réservoirs, sur des terrains appartenant à la Ville, d'une part au Jardin des Plantes, et de l'autre au centre du clos des Chazeaux. — Distribuer les eaux de ces deux réservoirs à 180 fontaines, en suivant les proportions déterminées par l'administration municipale.

« Voilà les trois principales parties de ce projet, dont j'ai présenté l'esquisse, parce que j'ai cru qu'il était de mon devoir de faire part d'une idée qui se rattachait à la vaste entreprise des eaux destinées aux fontaines publiques dont M. de Lacroix-Laval, maire de Lyon, s'occupe en ce moment, et qui doit puissamment influer sur la salubrité et l'embellissement de la ville.

« Ce simple aperçu est déjà trop long si l'idée n'est pas jugée admissible. Dans le cas contraire, il sera bien suffisant pour donner essor au génie des artistes distingués qui pourront donner à ce projet le perfectionnement dont ils le croiront susceptible.

« Cependant une estimation approximative est nécessaire et voici comment après de mûres réflexions je crois devoir l'établir :

Monument composé d'un soubassement et d'une colonne très élevée	100.000 fr.
Pont de communication entre le monument et le terre-plein du pont du Change	10.000
Réservoir de la Naumachie au Jardin des Plantes avec tous les accessoires et le décor dont il est susceptible.	60.000
Réservoir à construire dans la partie inférieure du clos des Chazeaux	30.000
A REPORTER. . .	200.000

Report. . . .	200.000
Conduites en fontes, en plomb, cuivre, fer, ajustements de toutes natures, etc. — Machine à vapeur	800.000
Total de la dépense présumée. . . .	1.000.000 fr.

« La brièveté de cet énoncé devra être remplacé par des développements convenables si le projet paraissait être digne de quelque attention.

« Lyon, le — novembre 1827. Signé : L. Flacheron, architecte.»

On comprend facilement que l'idée d'employer les eaux insalubres de la Saône pour alimenter la Ville ne fut pas acceptée par l'administration.

Malgré la décision prise par la municipalité, de se passer du concours d'une Compagnie fermière pour la fourniture de l'eau nécessaire à l'alimentation des nouvelles fontaines qu'elle se proposait d'établir, la Commission des Eaux avait cependant renoué des négociations avec la Compagnie Chazournes. Les pourparlers qui s'en suivirent portèrent principalement sur l'augmentation de la quantité d'eau à fournir, qui fut portée de 3.000 à 4.000 mètres cubes, ainsi que sur la participation de la ville aux bénéfices de la Compagnie et sur une réduction possible dans le prix de la redevance à payer. Ces conditions furent acceptées en principe à la suite de concessions réciproques, et la Compagnie des Eaux du Rhône présenta, le 23 mars 1828, une nouvelle soumission beaucoup plus avantageuse pour la Ville que celle du 30 mars 1826.

Cette soumission était précédée d'un préambule dans lequel la Compagnie exposait qu'elle s'était présentée la première pour se charger de l'entreprise des eaux, conformément au programme publié le 24 mars 1824 par M. le maire de Lyon, et qu'elle avait vivement regretté (moins dans son intérêt que dans celui du public) que sa soumission n'ait pas été agréée.

Que l'on ne pouvait trouver trop onéreux le prix qu'elle demandait pour l'abonnement annuel de la fourniture de 4.000 mètres cubes d'eau du Rhône, conduits chaque jour aux nombreuses fontaines à établir dans tous les quartiers de Lyon, si on le considérait sous le rapport de l'importance du service qu'il s'agissait de rendre aux habitants de la seconde ville de France, en assainissant, en embellissant et en chassant de leur cité les maux sans nombre attribués par les médecins à la mauvaise qualité des eaux dont ils s'abreuvent, ainsi qu'à la rareté de celles qui devraient servir au nettoiement des rues et à tous les usages domestiques.

Que cette grande et utile entreprise ne saurait être réalisée plus économiquement par la Ville que par la Compagnie qui offre, seule, un établissement digne de la seconde ville du royaume et la dispense de toute contribution aux frais de l'entreprise, tout en assurant en même temps le service public demandé par la Ville et tous les services particuliers que pourraient désirer ses habitants et ceux d'un faubourg (la Croix-Rousse) dans lequel s'établit chaque année une portion plus considérable de cette industrieuse population qui fait la richesse de la ville de Lyon.

Que désireux de prouver que ses fondateurs n'étaient point poussés à la spéculation par des vues ambitieuses de fortune, mais seulement animés du désir de rendre un grand service à leur patrie sans compromettre les intérêts des capitalistes dont le concours était indispensable à la réussite de l'entreprise, elle offrait, dans la nouvelle soumission qu'elle avait l'honneur d'adresser à M. le maire, une large part des bénéfices à la Ville, qui devait être sûrement plus avantageuse pour elle qu'une diminution sur le prix d'abonnement, attendu que l'intérêt de la Compagnie et celui de la Ville étant associés aux bénéfices, seraient par là d'accord avec celui des habitants pour établir les abonnements à très bas prix et les mettre à la portée des classes les moins fortunées, et que ce bienfait en s'étendant prendrait une telle importance que la part des bénéfices revenant à la Ville diminuerait progressivement la redevance qu'elle se serait engagée à payer à la Compagnie, et convertirait peut-être en quelques années cette charge municipale en un produit annuel qui pourrait dégréver les citoyens et contribuer aux dépenses de la cité.

La Compagnie ajoutait que l'exemple de l'Angleterre et celui de tous les pays où l'on a pu offrir aux habitants, dans leurs domiciles, les eaux nécessaires à la consommation des ménages et aux services de quelques industries devait être un sûr garant de l'empressement avec lequel nos concitoyens profiteront de ce bienfait quand il leur sera offert.

Avant de faire connaître ses nouvelles propositions, nous croyons utile de décrire succintement la position que la Compagnie des Eaux du Rhône avait choisie pour y établir ses principales installations.

C'est à la suite d'études soigneusements faites et après avoir acquis la certitude que l'établisssment qu'elle projetait ne pouvait être formé ni dans la propriété Bonafous située près des portes Saint-Clair, ni dans le vallon de la Boucle déjà trop occupé par des constructions, ni dans celui plus éloigné de la Carette, que la Compagnie se décida à de nouvelles recherches qui lui firent découvrir à l'extrémité du cours d'Herbouville, deux propriétés qui présentaient dans leur réunion toutes les dispositions de terrain les plus convenables pour l'exécution de son projet.

Prise d'eau dans un beau courant et dans un bras du Rhône interdit à la navigation [1].

Vastes emplacements au bord du fleuve, sur la route de Genève, pour les machines à vapeur et pour les principaux réservoirs.

Place dans le vallon pour les réservoirs intermédiaires ou cuvettes de distribution que pourraient exiger les divers services à différents degrés d'élévation, et au point culminant, plus élevé que le plateau de la Croix-Rousse, place pour de vastes réservoirs qui fourniraient l'eau à ce faubourg et aux quartiers élevés de la Ville.

Le ténement qu'elles formaient était limité au midi par la propriété de Boissieu, au levant par la grande route de Genève, au nord par l'impasse du Grand-Bichet, et s'étendait au couchant jusqu'au chemin du Volier. Il est actuellement occupé par une partie des terrains sur lesquels s'élève la redoute du Bel-Air, primitivement appelée redoute Chazournes et qui fait partie de l'ensemble des fortifications de Montessuy, et par l'ancienne usine Vidalin située à l'angle du cours d'Herbouville et de l'impasse du Grand-Bichet. Son point culminant est à l'altitude 357,78, soit à 7 mètres au-dessus du sol de la place de la Croix-Rousse.

« NOUVELLE SOUMISSION POUR LE SERVICE DE LA DISTRIBUTION DES EAUX DU RHÔNE DANS LA VILLE DE LYON

« Les soussignés agissant pour le compte de la Société anonyme qu'ils ont le projet de former avec l'approbation du Roi, sous la dénomination de *Compagnie des Eaux du Rhône*, pour répondre aux demandes proposées par M. le Maire, comprises dans le programme publié le 24 mars 1824, ont l'honneur de lui soumettre les propositions développées dans les articles suivants :

« ARTICLE PREMIER. — La Compagnie prendra l'engagement

[1] Le bras navigable du Rhône, qui était alors placé sur la rive gauche du fleuve, a été reporté depuis vers la rive droite à la suite de l'établissement du barrage et de la digue submersible de la Tête-d'Or, travaux commencés en 1839 et terminés en 1845.

de fournir journellement dans la ville de Lyon, la quantité de 40,000 hectolitres d'eau du Rhône, et de la conduire et distribuer soit aux nombreuses fontaines et bornes-fontaines que la Ville a le projet d'établir dans les quartiers indiqués au programme, soit à celles que M. le Maire actuel jugerait convenable d'établir ailleurs pourvu qu'elles ne dépassent par le cours du Midi etqu'ellesne soient pas situées sur la rive droite de la Saône à une plus grande élévation que celle qui est dans le programme.

« Art. II. — Les eaux seront prises dans le courant du Rhône au-dessus de la Ville et seront élevées par un double système de machines à vapeur dans des réservoirs qui seront également doubles et où les eaux auront au moins 12 heures de repos pour leur épuration.

« Art. III. — La Compagnie se chargera de conduire la quantité d'eau demandée par la Ville, dans chaque rue et place où devront être établies les fontaines, c'est là que l'administration la recevra pour la faire arriver aux bouches de distribution.

« Art. IV. Les heures de distribution des eaux seront réglées conformément au programme dans les trois mois qui suivront la signature du traité.

« Art. V. — La Compagnie s'engagera à fournir le complément des 40.000 hectolitres d'eau dans la quatrième année qui suivra l'approbation royale de son contrat de Société.

« Art. VI. — La Ville s'interdira pour toute la durée du traité de faire ou autoriser aucune entreprise de même genre, générale ou particulière, dans tous les quartiers embrassés par les limites indiquées dans l'article I de cette soumission et, ainsi que l'annonce le programme, elle concédera à la Compagnie le droit exclusif de vendre de gré à gré aux particuliers l'eau qu'elle puise dans le Rhône et excédant la quantité nécessaire au service des fontaines publiques, ainsi que le droit de fonder sans aucune redevance, mais en se conformant aux règlements de police, tel établissement qu'elle jugera convenable pour l'emploi de cet excédent, comme fontaines de distribution, réservoirs, bains, lavoirs. etc., en réservant à ses magistrats le droit de haute surveillance et l'action préventive qui rentre dans leurs attributions.

La Ville assurera à la Compagnie leur protection constante, soit pour les confections, soit pour la conservation des travaux de l'entreprise.

« Art. VII. — Il sera loisible à la Compagnie de faire sous le sol des rues, places, quais, ponts, etc., de la Ville tous les travaux nécessaires à la conduite des eaux, comme aussi de placer extérieurement tous les regards, ventouses, robinets, tuyaux de décharge et autres ouvrages convenables que la Ville prend l'engagement de favoriser par tous les moyens qui seront conciliables avec la sûreté publique, sous la double condition que la Compagnie apportera toute la célérité possible à l'exécution de ces travaux et qu'elle rétablira soigneusement le pavé sur tous les points où il aurait été entamé.

« Art. VIII. — La Ville s'engagera à procurer à la Compagnie la même faculté dans le lit du fleuve et sur les chemins vicinaux où devront être placés les tuyaux et conduits des eaux.

« Art. IX. — Le prix annuel de 40.000 hectolitres d'eau à fournir à la Ville selon les cinq premiers articles, sera fixé à la somme de deux cents mille francs payable par douzième de mois en mois.

« Art. X. — Ce prix sera dû à partir du mois dans lequel la Compagnie sera en mesure de fournir la moitié des 40.000 hectolitres. Le reste devra être fourni dans le courant de l'année qui suivra, et ce sous peine d'une réduction proportionnelle de la redevance à partir de cette dernière époque jusqu'au moment de la fourniture totale.

« Art. XI. — Tout manquement provenant du fait de la Compagnie dans la fourniture de la quantité promise donnera lieu à une retenue triple de la valeur de la quantité manquante d'après le prix de la redevance annuelle.

Art. XII. — Les bénéfices annuels que l'on doit espérer de cette entreprise seront partagés de la manière suivante entre la Ville et la Compagnie :

Les premiers sept et demi pour cent de bénéfice sur le capital employé à l'établissement, après le prélèvement de tous les frais d'exploitation, d'entretien, de réparations, etc., appartiendront exclusivement aux actionnaires et leur seront répartis pour faire face aux intérêts et à l'amortissement des capitaux.

Le tiers de tout bénéfice excédant ces premiers sept et demi pour cent appartiendra à la Ville, et les deux autres tiers aux actionnaires.

En conséquence de cette association dans les bénéfices de l'entreprise, M. le Maire sera toujours membre du conseil d'administration avec voix délibérative et il pourra, quand cela lui conviendra, s'y faire représenter par un de MM. les adjoints.

« Art. XIII. — En considération de cette concession d'un tiers des bénéfices à espérer, la Ville s'engagera pour le cas très peu probable où le bénéfice des premières années serait insuffisant pour couvrir les intérêts à 6 pour cent sur les capitaux des actions, à parfaire et compléter aux actionnaires cet intérêt de 6 pour cent.

« ART. XIV. — Le traité dont les conditions viennent d'être exposées, sera conclu pour une durée de *Cent ans,* à partir du jour où le service de la distribution des eaux sera commencé.

« ART. XV. — Une clause du traité à faire avec la Ville promettrait à la Compagnie la revision du prix de l'abonnement pour le ramener à sa valeur primitive dans le cas d'une forte dépréciation du signe monétaire.

« ART. XVI. — A l'expiration du traité, les terrains, constructions, machines, conduits et tout le mobilier de l'entreprise deviendront la propriété de la Ville, qui pourra en affermer l'exploitation aux conditions qui lui paraîtront les plus convenables, en s'engageant seulement à donner à prix égal la préférence aux actionnaires de la Compagnie fondatrice de l'établissement. Cette préférence leur sera due à chaque renouvellement successif de la ferme, tant qu'ils ne l'auront pas abandonnée.

« ART. XVII. — Toute réclamation de la Ville contre la Compagnie ou de la Compagnie contre la Ville devra être portée devant le Conseil de Préfecture où elle sera jugée sur simple mémoire et dans le plus court délai.

« Les décisions de ce tribunal ou de l'autorité qui l'aurait remplacé seraient provisoirement exécutées sous caution et sauf recours au conseil de Sa Majesté.

« ART. XVIII. — Les promesses d'engagement ci-dessus stipulées par les soussignés agissant pour le compte de la Compagnie projetée des Eaux du Rhône, ne deviendront obligatoires que le jour où l'acte constitutif de cette Compagnie aura reçu l'approbation du roi, sur la présentation qui en sera faite par les actionnaires.

« Lyon, le 24 mars 1828. — Signé : DUGUEYT, CHARVIN, CHAZOURNES, AIMÉ RÉGNY et CASATI. »

Les nouvelles conditions de la Compagnie des Eaux du Rhône étaient certainement les plus avantageuses qui aient été proposées à la Ville. L'eau revenait, il est vrai, à 50 francs le mètre cube, mais, outre que ce prix devait être abaissé successivement, par suite de la participation de la Ville aux bénéfices de la Compagnie dans une assez large mesure, toutes les installations et les terrains, y compris le matériel et le mobilier de l'entreprise, devenaient sa propriété, sans bourse délier, à l'expiration de la concession, ce qui représentait une somme assez élevée à déduire sur le montant des abonnements payés par la Ville.

Cependant M. le Maire, trouvant trop élevée la redevance annuelle de 200.000 francs, maintint seulement l'offre de 160.000 francs qu'il avait précédemment faite aux fondateurs de la Compagnie, lors des pourparlers qui précédèrent le dépôt de leur seconde soumission,

Si la Compagnie ne pouvait accepter cette offre, elle paraissait toutefois disposée à réduire quelque peu sa demande de 200.000 fr. et elle espérait finir par s'entendre avec la Mairie. Mais à ce moment l'administration se trouvait engagée, avec la reconstruction du Grand-Théâtre, dans des travaux qui, en dépassant de beaucoup les prévisions, devaient absorber, pendant plusieurs années, toutes les ressources disponibles de la municipalité et faire ajourner à d'autres temps le projet d'alimentation de la Ville en eaux potables, qui était cependant d'une toute autre importance pour la population que la question du Grand-Théâtre.

CHAPITRE III

ESSAI D'UN PUITS ARTÉSIEN A BELLECOUR

En raison de ce que la conduite des eaux nécessaires aux besoins de la population et au nettoiement des rues de la cité était comprise dans le programme de travaux pour l'exécution duquel la ville de Lyon avait été autorisée, par la loi du 9 mai 1827, à contracter un emprunt de 3.400.000 francs, l'administration ne pouvait se dispenser de faire quelque chose pour augmenter le nombre des fontaines publiques.

S'inspirant des résultats récemment obtenus dans le nord de la France par les forages de puits artésiens, M. de Lacroix-Laval proposa l'emploi de ce moyen comme le plus économique pour les finances municipales, sans s'être préalablement rendu compte s'il était praticable dans la région lyonnaise. Or, à cette époque (1828), non seulement les études géologiques étaient peu répandues, mais encore les théories admises par les géologues sur la formation et la disposition des diverses couches qui composent l'écorce terrestre étaient contradictoires, suivant que leurs auteurs appartenaient à l'une ou l'autre des écoles Neptunienne et Plutonienne. Ces indications feront comprendre pourquoi l'idée d'alimenter la Ville au moyen de puits artésiens ne fut pas repoussée par le Conseil municipal après un premier ajournement, mais, au contraire, acceptée à titre d'essai.

Dans la séance du 25 novembre 1828, M. le Maire présenta au Conseil municipal la proposition suivante :

« Depuis longtemps l'administration s'occupe de trouver un moyen de donner de l'eau un peu en abondance aux différents quartiers de la Ville qui en manquent. Une chose paraît à peu près certaine, c'est qu'il existe à quelques pieds en dessous du côteau de la Croix-Rousse des réservoirs formés par la nature et qui renferment des quantités d'eau considérables. La hauteur où se trouvent ces réservoirs est plus que suffisante pour conduire dans presque tous les quartiers de Lyon les eaux que l'on parviendrait à découvrir.

« La Ville ne saurait souscrire à une redevance de 200.000 fr., telle que l'a demandée la Compagnie qui s'est présentée pour établir une machine qui élèverait l'eau à la hauteur de la Croix-Rousse.

« On croit, Messieurs, qu'au moyen de quelques puits artésiens, on pourrait facilement utiliser une partie des eaux qui se trouvent sous le plateau que je viens d'indiquer.

« Si vous consentez à faire un fonds de 10.000 francs pour faire un premier essai, il est possible que nous obtenions à Lyon des résultats qui dispensent de recourir aux moyens trop dispendieux que l'on vous a proposés jusqu'à ce jour : il sera toujours assez à temps de revenir à ces moyens si les essais que je me propose de faire ne réussissent point. »

Le Conseil municipal, se basant sur l'absence de renseignements certains, refusa la subvention demandée.

Toutefois M. de Lacroix-Laval, ne voulant pas abandonner son projet, recueillit tous les renseignements nécessaires pour son exécution et présenta au Conseil municipal, dans la séance du 21 août 1829, le rapport suivant :

« Messieurs,

« Depuis bien des années l'administration s'occupe de trouver les moyens de donner aux différents quartiers de cette ville, de l'eau en abondance, soit pour la boisson des citoyens, soit pour le nettoiement des rues ; il est vraiment extraordinaire qu'une ville placée entre un grand fleuve et une grande rivière, soit aussi mal abreuvée ; c'est surtout sur les mi-hauteurs que la disette d'eau se fait plus sentir dans la saison des chaleurs. C'est sur ces localités principalement que l'administration doit porter son attention pour satisfaire aux besoins de leurs habitants.

« Plusieurs soumissions nous ont été faites, mais aucune d'elles n'a été par vous acceptée, en raison de l'énormité de la somme annuelle que l'on demandait à la Ville.

« Au mois de novembre dernier, en vous présentant le budget de 1829, j'avais eu l'honneur de vous proposer de m'ouvrir un crédit de 10.000 francs pour faire un ou deux essais de puits artésiens. Vous ajournâtes votre détermination, attendu que les essais faits jusqu'alors ne présentaient point de résultats connus.

« Maintenant, Messieurs, l'application des puits forés se propage avec rapidité en France : on cite déjà quelques villes où des puits de cette nature ont été percés et ont parfaitement réussi.

« La position de la ville de Lyon permet d'espérer que les tentatives que l'on y fera ne seront pas sans succès.

« J'ai profité de mon séjour à Paris pour recueillir des renseignements exacts sur les Compagnies qui se sont livrées à ce genre d'entreprise.

« A mon retour à Lyon, je me suis mis en relation avec celle du faubourg Montmartre ; je lui ai demandé de me faire connaître d'une manière exacte et précise quelle serait la dépense de deux essais à faire à Lyon, l'un dans la plaine et l'autre sur la montagne.

« Je vous communique, Messieurs, les documents qui m'ont été fournis :

« La Société, aussitôt après le traité qui serait passé avec elle, enverrait à Lyon un équipage complet de sondage, un ingénieur, un chef des travaux et deux maîtres foreurs. La dépense du transport de l'équipage par roulage ordinaire serait au plus de 280 francs, et les frais de voyage de l'ingénieur et des trois autres employés n'excéderaient pas 500 francs, soit ensemble 780 francs.

« Quant au forage de deux puits, la proposition de dépense est faite de deux manières et chacune d'elles comporte deux hypothèses : celle de *succès* et celle de *non-succès*.

« PREMIER MODE. — Les prix du forage sont : Au-dessous de 100 pieds de profondeur, 10 francs le pied ; de 100 à 200 pieds, 20 francs ; de 200 à 300 pieds, 30 francs le pied.

« *En cas de succès*, c'est-à-dire dans le cas où l'on obtiendrait des eaux jaillissantes au-dessus du sol, la Ville aurait à payer, en sus du forage et à titre de prime : 1.000 francs jusqu'à 100 pieds de profondeur ; 2.400 francs jusqu'à 200 pieds, et 4.000 francs jusqu'à 300 pieds.

« *En cas de non-succès*, le forage et les frais de transport d'équipage et employés seront seuls payés.

« DEUXIÈME MODE.— J'avais proposé à la Compagnie de traiter avec elle à forfait, de manière que la Ville n'eût rien à payer si les essais ne réussissaient pas, mais aurait eu à payer plus dans le cas de réussite. La Compagnie n'a pas entièrement accédé à ma proposition, ses règlements s'y opposant. Cependant, désirant obtenir l'entreprise des essais à faire à Lyon, elle me présenta une espèce de forfait d'après lequel, en cas de non-succès, la Ville paierait moins que d'après le premier mode, et, par compensation, paierait plus en cas de succès. En voici les conditions :

« *Cas de non-succès.* La Ville paiera, en outre des frais de transport, le forage qui sera réduit aux prix ci-après : Les 100 premiers pieds à 5 francs le pied ; de 100 à 200 pieds, 10 fr. le pied ; de 200 à 300 pieds, 20 fr. le pied.

« *Cas de succès.* La Ville paierait alors, en outre des frais de transport et du forage comme pour le premier mode, une prime qui serait dans ce cas de 1.500 francs au-dessous de 100 pieds ; de 3.000 francs de 100 à 200 pieds ; de 5.000 francs de 200 à 300 pieds ;

« En résumé, pour deux essais poussés jusqu'à 300 pieds de profondeur, la dépense serait de :

PREMIER MODE

Cas de succès. . 20.780 fr. — Cas de non-succès. . 12.780

DEUXIÈME MODE

Cas de succès. . 22.780 fr. — Cas de non-succès. . 7.780

« Le deuxième mode me paraît préférable au premier, puisqu'en cas de succès la dépense n'est que légèrement augmentée d'une somme de 2.000 francs, tandis que dans le cas de non-succès la dépense est diminuée de 5.000 francs.

« A mon avis, l'administration n'a pas à hésiter ; le vœu public appelle ces essais.

« Calculez-en, Messieurs, les résultats et votre résolution ne sera pas un instant incertaine. En effet, si l'administration ne réussit pas, c'est une somme de 8.000 francs environ que vous aurez sacrifiée, il est vrai, en pure perte. Mais si le succès couronne notre entreprise, il vous est permis d'espérer qu'avec un capital de 200.000 francs, je suppose, vous obtiendrez sur vingt points différents de la Ville, une quantité d'eau peut-être plus considérable que celle que les Compagnies qui se sont présentées jusqu'à ce jour nous promettaient, en vous demandant 200.000 fr. par année et avec un bail de cent ans.

« Je conclus, Messieurs, à ce que vous m'autorisiez à passer, sur les bases que je viens d'avoir l'honneur de vous exposer, un traité d'après le deuxième mode que m'indique la Compagnie. Si vous adoptez ma proposition, vous aurez à arrêter qu'il me sera ouvert au budget de 1830, un crédit de 22.780 francs, mais à la condition que je ne pourrai l'employer que jusqu'à concurrence seulement de 7.780 francs dans le cas où les deux essais auxquels on se serait livré seraient sans résultat. Je propose au surplus de renvoyer mon rapport à l'examen de la Commission des objets d'intérêt public. »

La Commission chargée de ce travail ne mit que huit jours pour étudier une affaire de cette importance, et ses conclusions, conformes à la demande de M. le Maire, furent acceptées par le Conseil municipal, dans la séance du 28 août, sur la présentation du rapport suivant :

Rapport de la Commission sur les Puits Artésiens.

« Messieurs,

« L'année dernière, M. le Maire, lors de la présentation du budget de 1829, vous demanda de lui ouvrir un crédit de 10.000 fr. pour un essai à Lyon de puits artésiens. Vous ajournâtes votre délibération sur cette matière, pour ce motif qu'alors les expériences ne donnaient pas encore de résultats connus. Aujourd'hui, l'application des puits forés paraît se propager avec rapidité, et l'on cite plusieurs villes en France où les essais ont réussi au delà de toute espérance. En sera-t-il de même à Lyon ? C'est là ce que l'on est loin de pouvoir encore assurer :

« Votre Commission des objets d'intérêt public se borne donc à vous dire qu'elle a examiné avec attention le rapport que M. le Maire nous a fait à la séance du 21 de ce mois, ainsi que la correspondance qu'il a tenue avec la Compagnie du faubourg Montmartre à Paris.

« D'après les détails que M. le Maire a fournis, votre Commission n'hésite pas à vous proposer d'adopter le second mode de traité duquel il résulte que la dépense de deux essais poussés chacun à 300 pieds de profondeur serait au maximum : En cas de succès de 22.780 francs ; en cas de non-succès de 7.780 francs.

« Le vœu public appelle ces essais : le Conseil municipal aurait à se reprocher, pour une somme aussi modique que celle qu'il hasardera, de ne pas répondre à un vœu qui, on doit le dire, est général. En toutes choses, ce sont les résultats qu'il faut voir :

« Si la Compagnie qui se présente ne réussit pas, la Ville aura, il est vrai, perdu une somme de 7.780 francs; mais si elle réussit, la Ville peut en retirer des avantages immenses, en se procurant à peu de frais une quantité d'eau jaillissante peut-être plus considérable que celle qu'elle aurait obtenue par l'adoption de projets trop compliqués et qui feraient peser sur elle pendant cent ans des dépenses énormes.

« Votre Commission, en vous proposant de prendre une délibération conforme aux conclusions de M. le Maire, espère toutefois que lorsqu'il traitera définitivement, soit avec la Société du faubourg Montmartre, soit avec toute autre entreprise, il lui sera possible d'obtenir une réduction sur les prix donnés.

« Il a été rapporté à des membres de votre Commission, mais toutefois sans que rien leur ait été garanti à cet égard, que la Société avec laquelle M. le Maire est entré en relation, avait accordé à des particuliers des prix plus modérés, principalement dans les cas de non-succès. Il a semblé à votre Commission que si cette Société est désireuse de se faire connaître à Lyon et dans ses environs, où elle peut trouver, après les essais faits au compte de la Ville, une vaste et importante exploitation, il est de son intérêt bien entendu de traiter la ville de Lyon le plus favorablement possible. C'est aux soins de M. le Maire que la Commission confie la présente observation qu'elle ne présente toutefois que très accessoirement et sans y insister aucunement.

« La Commission vous propose un projet conforme de délibération : La discussion ayant été ouverte, le Conseil prit la délibération suivante :

« Le Conseil municipal de la ville de Lyon : Ouï le rapport fait par M. le Maire à la séance du 21 août présent mois et celui fait à cette séance par la Commission des objets d'intérêt public, relativement à deux essais de puits artésiens à faire dans notre ville, l'un dans la plaine et l'autre à mi-côteau ; vu les soumissions faites par la Société générale de Paris, établie rue du faubourg Montmartre ; le Conseil se décide pour le deuxième mode proposé.

« En conséquence, il est d'avis que M. le Maire soit autorisé à passer avec telle Compagnie qu'il jugera convenable de choisir, un traité pour deux essais de puits artésiens dans l'intérieur de la ville de Lyon, l'un dans la plaine, l'autre à mi-côteau ; les prix ne pourront dépasser ceux énoncés au rapport de M. le Maire, lequel à cet effet sera annexé à la présente délibération et servira de base aux conditions du susdit traité.

« Pour mettre M. le Maire à même de remplir l'objet de la présente délibération, il sera ouvert au prochain budget de 1830, un crédit de la somme de 22.780 francs, sous la restriction expresse et formelle que ce crédit sera réduit à 7.780 francs dans le cas où les deux essais seraient sans résultats.

« Le Conseil se repose sur les soins de M. le Maire pour obtenir s'il est possible, par l'effet de la concurrence ou par arrangement à l'amiable, des réductions sur les prix portés dans la soumission de la Compagnie du faubourg Montmartre. Le Conseil exprime, en conséquence, le vœu que dans l'un ou l'autre des deux cas spécifiés, la dépense ne puisse dépasser les sommes votées à ce sujet.

« La présente délibération, les rapports réunis de M. le Maire et de la Commission et le traité que M. le Maire souscrira avec celle des Compagnies qu'il aura choisie, seront soumis à l'approbation de M. le Préfet. »

Voici maintenant de quelle façon cette délibération fut appréciée par la presse locale :

Archives historiques et statistiques du département du Rhône, t. X, p. 389. — « Dans sa séance du 1er de ce mois [1] (septembre), le Conseil municipal a voté une somme de 10.000 francs pour le percement de deux puits forés sur la place de Bellecour. Cette tentative, si elle est couronnée du succès, déterminera sans doute l'administration à adopter les puits artésiens pour procurer de l'eau à la ville de Lyon et à ses faubourgs, préférablement à tout autre moyen. On assure que M. le Maire de Lyon a déjà traité avec la Compagnie générale des puits artésiens pour le forage de ceux dont le Conseil municipal a voté les frais. »

Précurseur du 7 septembre 1829. — « Dans sa séance du 1er de ce mois [1], le Conseil municipal a voté une somme de 10.000 fr. pour le percement de deux puits forés sur la place de Bellecour. Cette tentative, si elle est couronnée de succès, doit, dit-on, déterminer l'administration à adopter les puits artésiens pour procurer de l'eau à la ville de Lyon et à ses faubourgs, préférablement à tout autre moyen. Le défaut d'eau nécessaire pour entretenir la propreté dans les maisons et dans les rues se fait sentir de plus

[1] La délibération est du 28 août, et non pas du 1er septembre comme l'indiquent par erreur les *Archives* et le *Précurseur*.

en plus ; la salubrité publique et la santé des citoyens réclament impérieusement cette amélioration importante dans notre économie publique et domestique. C'est ce qu'ont bien compris tout récemment les villes de Lille, de Grenoble et de Saint-Étienne, en établissant à grands frais de nombreuses fontaines publiques ; mais c'est ce que paraissent ne pas comprendre suffisamment les membres de notre sénat citadin.

« Cette expérience qui va être tentée pourra bien démontrer à M. le Maire que le zèle ne suffit pas toujours pour bien faire, et qu'il faut apporter dans chaque chose les connaissances nécessaires à ce que l'on entreprend. Nulle part en France on a percé des puits forés dans le terrain primitif, et c'est à lui qu'il est réservé de faire la première tentative de sondage dans le terrain granitique. Nous souhaitons, du reste, à ses puits artésiens, un succès plus heureux que celui qu'a obtenu son journal l'*Écho Français*, dont l'existence vient de nous être révélée par la *Gazette des Tribunaux*. »

Gazette de Lyon du 27 novembre 1829. — « On va s'occuper incessamment de faire des essais de puits artésiens pour lesquels il a été versé des fonds par le Conseil municipal. Déjà l'ingénieur de la Compagnie avec laquelle l'administration a traitée, est arrivé à Lyon, suivi d'un équipage complet de sondage conduit par deux maîtres foreurs. La première tentative aura lieu, dit-on, sur la place Louis-le-Grand, la seconde, à mi-côteau de la Croix-Rousse. La Ville retirerait d'immenses avantages de la réussite de ces essais, tandis qu'elle serait forcée à de grands frais pour la construction des fontaines ordinaires. »

Pour se conformer à la délibération prise par le Conseil municipal, le 28 août 1829, M. le Maire, après avoir vainement essayé d'obtenir une réduction sur les prix demandés, traita avec la Société générale des forages artésiens, dite du faubourg Montmartre, représentée par M. Plaisant, ingénieur civil, pour les deux essais de puits artésiens à effectuer aux conditions stipulées dans la délibération précitée. Aussitôt après l'approbation de ce traité, par M. le Préfet du Rhône, la Société du faubourg Montmartre prit ses dispositions de telle sorte que, dès le 4 décembre 1829, les travaux étaient commencés sur la place Bellecour.

Mais avant de parler de l'exécution de ces travaux, il importe de faire connaître sur quel point de la place Bellecour le sondage a été effectué.

N'ayant pu, malgré nos recherches réitérées, parvenir à découvrir un plan quelconque contenant cette indication, nous y avons suppléé au moyen des documents écrits que nous avions à notre disposition. Voici, du reste, la marche que nous avons suivie pour déterminer cette position aussi exactement qu'il est utile et nécessaire de la connaître :

Ainsi que nous l'apprennent Fournet et le Journal historique des travaux du puits artésien, le sondage a traversé un massif de

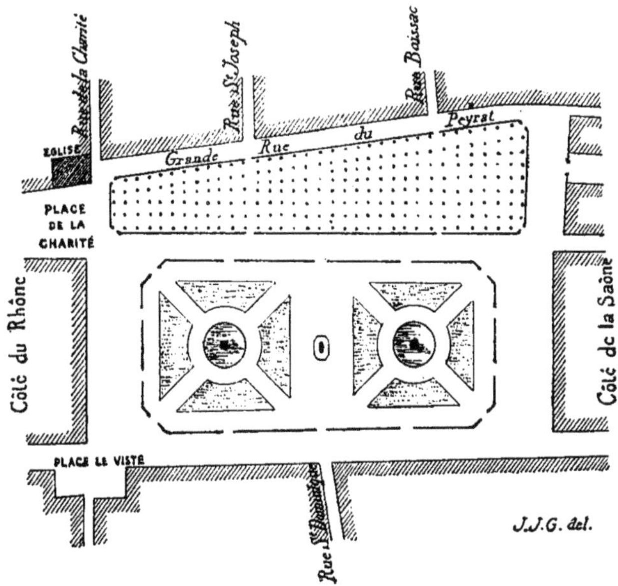

PLAN DE LA PLACE BELLECOUR EN 1753

Échelle de $\frac{1}{5000}$

maçonnerie et de béton appartenant aux fondations du bassin de l'une des deux fontaines décoratives qui étaient placés au milieu des carrés de gazon qui existaient au siècle dernier de chaque côté de l'ancienne statue de Louis XIV, et dont la position est indiquée sur tous les plans, manuscrits ou gravés, du dix-huitième siècle. Avec ces éléments, il suffirait donc de savoir dans lequel des deux carrés, Est ou Ouest de la place, le sondage a été effectué, pour en connaître l'emplacement exact.

Or, parmi les diverses pièces que nous avons compulsées aux Archives de la Ville, nous en avons trouvé deux qui contiennent le renseignement nécessaire et désignent la partie orientale de la place autrement dit celle du côté du Rhône.

En voici les énoncés :

« 1° *État estimatif d'une clôture et d'un bureau à construire en planches et en bois de sapin dans la partie orientale de la place Louis-le-Grand pour faciliter l'opération du forage d'un puits artésien, dressé par M. Flacheron, architecte de la Ville.*

« 2° *Compte pour la Mairie de la Ville de Lyon produit par*

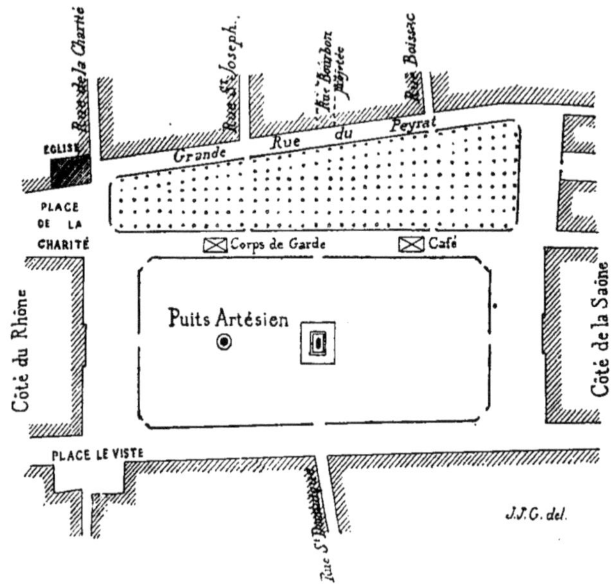

PLAN DE LA PLACE BELLECOUR EN 1830

Échelle de $\frac{1}{5000}$

Cotton, entrepreneur des ouvrages qu'il a faits et fournis d'ordre de M. le Maire, jour et date du 3 décembre 1829 et exécutés sous la conduite de M. Flacheron. — « Fait et construit une clôture et un bureau en sapin dans la partie *orientale* de la place Louis-le-Grand pour faciliter l'opération d'un puits artésien.... »

C'est donc sur l'emplacement du bassin de la fontaine qui occupait au siècle dernier le milieu du carré de gazon placé à l'est de la statue, autrement dit dans le milieu du carré du côté du Rhône, que le forage de 1829 a été pratiqué. (Voir le plan de la place en 1830.)

Enfin, et pour préciser davantage, nous ferons observer que la couche de maçonnerie et de béton de $3^{m},60$ d'épaisseur, trouvée à $1^{m},90$ du sol et traversée par la sonde, ne peut se rapporter qu'aux fondations du massif qui supportait le piédestal de marbre placé au centre du bassin et sur lequel reposait le groupe des trois génies de plomb doré qui soutenaient la vasque supérieure de la fontaine. (Voir la vue de cette fontaine et le plan de la place Bellecour en 1753.)

Dans son *Histoire et description de la ville de Lyon*, imprimé en 1761, A. Clapasson donne de ces fontaines la description suivante, que nous reproduisons textuellement :

« De chaque côté de la Statue Equestre est un quarré de gazon, traversé par des allées en sautoir, qui aboutissent à une Fontaine, composée de quatre Bassins élevés l'un sur l'autre ; le dernier est soutenu par un groupe de plomb doré de trois génies qui portent sur un Piédestal de marbre veiné ; chaque pièce en particulier est

BASSIN ET JET D'EAU DE LA PLACE BELLECOUR
Construits en 1735 et détruits en 1793
D'après une gravure du tome Ier des *Mémoires de l'abbé Guillon*.

assez bien exécutée de la façon de Chabry le fils ; mais l'idée générale pourroit être plus heureuse.

« Ce qui contribue à le faire mieux sentir, c'est le peu d'eau que ces Fontaines donnent, au lieu que chaque Bassin devroit se répandre en Napes l'un dans l'autre ; le bouillon qui sort du plus haut rentre en dedans, et va produire quatre jets courbés qui versent dans le Bassin inférieur, d'où l'eau retombe par des masques dans les derniers ; mais ces divers filets d'eau ne font pas à beaucoup près autant d'effet que des Napes abondantes bien plus convenables, et à la forme des Fontaines, et à l'endroit où elles sont situées ; on doit dire cependant, que même telles qu'elles sont, elles ne laissent pas de beaucoup augmenter la décoration de la Place.

« Il est vrai d'ailleurs, que le sort de ces Fontaines n'est pas encore bien déterminé : jusqu'à présent, on y a fait venir l'eau du Rhône par le secours d'une machine portée sur un large bateau, et placée au milieu de ce Fleuve; mais cette Machine interrompant le cours de la Navigation, par sa situation et par les graviers qu'elle occasionne, on en a entrepris une nouvelle qui doit se mouvoir par des chevaux. Il est arrivé aussi un accident au réservoir destiné à ramasser les eaux ; elles ont filtré par plus d'un endroit, et il faut songer à prendre d'autres mesures. Ces contretemps ont fait naître des difficultés, dont il faut attendre la résolution avant que de pouvoir porter un jugement certain sur toutes ces choses. »

En ce qui concerne l'exécution du sondage, nous ne pouvons mieux faire connaître les difficultés rencontrées pendant le forage du puits qu'en donnant le texte même du journal tenu par M. Brocchi, où se trouvent relatés jusqu'aux moindres incidents survenus depuis le commencement jusqu'à la fin des travaux.

JOURNAL HISTORIQUE DES TRAVAUX DU PUITS ARTÉSIEN DE LA PLACE LOUIS-LE-GRAND A LYON

M. PLAISANT étant ingénieur du puits artésien et M. BROCCHI chargé de la conduite de ces travaux.

1829. — 4 décembre. — Commencement de la clôture en planches.

8 décembre. — La clôture est terminée et commencement de la fouille à la pioche.

10 décembre. — Le bureau en planches est terminé.

11, 12 décembre. — Continuation des fouilles.

13 décembre. — Dimanche. — Extraction avec le secours de la mine, à l'insu de l'autorité et de ses employés.

14 décembre. — Défense de faire jouer la mine donnée à sept heures du matin par l'architecte, et quelques heures ensuite par l'autorité.

15 décembre. — Nouvelles défenses de faire jouer la mine. Continuation des fouilles.

17 décembre. — Commencement du forage au fond de la fouille ayant $1^{m},90$ de profondeur.

18, 19, 20, 21, 22, 23, 24, 25, 26, 27, 28, 29, 30 et 31 décembre. — Continuation des fouilles.

1830. — 1er janvier. — Continuation des fouilles.

2 janvier. — Le forage est arrivé à une profondeur de $4^{m},50$. Les fondations du bassin ne sont pas encore percées.

7 janvier. — A huit heures du matin on est parvenu à $5^{m},50$

au-dessous du sol de la place ; on a cessé de creuser dans la maçonnerie de béton. La sonde rapporte un sable humide et noirâtre ; aujourd'hui même on a percé 0^{m},70 plus bas que lesdites fondations, après 0^{m},20 de vase on a trouvé le gravier.

14 janvier. — On est à 7^{m},75 au-dessous du sol de la place ; le terrain est toujours composé de gravier du Rhône, ayant du gros cailloux et du sable fin. Depuis 6 mètres en dessous du sol la sonde est dans l'eau.

16 janvier. — Continuation des travaux dans le gravier.

19 janvier. — Mardi. — Toujours le gravier s'éboulant ; toujours la même profondeur de 7^{m},75 pieds métriques *(sic)*. Ce matin les ouvriers n'ayant pas remarqué que la tarrière inférieure se dévissait, l'ont laissé tomber dans le fond du forage, et depuis le matin jusqu'à une heure on a travaillé pour retirer cet outil, mais infructueusement. La sonde a été retirée le lendemain.

30 janvier. — Le froid rigoureux que l'on éprouve a forcé les ouvriers à suspendre les travaux. Alors le forage était arrivé à 8^{m},70 environ.

5 février. — Le thermomètre n'ayant descendu ce matin qu'à 10 degrés et le soleil ayant encore diminué le froid, les ouvriers se mettent en mesure de recommencer aujourd'hui après leur dîner, c'est-à-dire à une heure.

10 février. — La sonde a cheminé, elle est à 9^{m},70 de profondeur ; elle rapporte un terrain graveleux semblable à des concrétions de cailloux.

15 février. — On était descendu à 11^{m},70 dans une espèce de poudingue, lorsqu'avant-hier la glaise employée pour garnir les parois du forage, ne soutenant plus le gravier, il s'est fait un éboulement intérieur qui a obligé de recommencer le forage à 6^{m},60 seulement de profondeur, mais aujourd'hui on est parvenu à 7^{m},70.

2 mars. — Le foret est à 12^{m},30 de profondeur, il travaille dans une marne assez dure qui ne s'écroule point.

6 mars. — On était parvenu hier à 13^{m},30 de profondeur, mais un éboulement survenu a rempli le forage jusqu'à 10 mètres en dessous du sol supérieur. Cependant aujourd'hui 6, à quatre heures de l'après-midi, la sonde était de nouveau parvenue à 12^{m},70. Pour se prémunir contre les éboulis, on a jeté beaucoup de terre grasse dans la cavité. Ce matin j'ai pris une certaine masse de terre, venue de la profondeur de 13 à 13^{m},40 et, l'ayant lavée à plusieurs eaux, le résidu s'est trouvé un sable à gros grains, colorés en rouge et jaune, portant tous les symptômes du sable de la Saône.

17 mars. — On est parvenu à 17m,30. Sable fin et jaune.

23 mars. — Mardi. — La sonde ayant percé le banc de poudingue ou de concrétion pierreuse, assez dure, qu'elle avait rencontré à 19m,30 environ, était parvenue à 20m,70 de profondeur lorsque le 23, à dix heures du matin, le forage s'est comblé par l'effet d'un éboulement jusqu'à 14m,70 au-dessus du fond, de manière qu'il n'y avait plus qu'un puits de 6m,00 de profondeur au lieu de 20m,70. Cet éboulement a été déterminé par l'introduction d'un tuyau de tôle destiné à soutenir les terres. On a recommencé à creuser et le soir on était à 9m30.

8 avril. — La sonde est de nouveau parvenue à 20 mètres de profondeur. On rôdait hier autour des restes de la cuiller fermée, dont une partie tombée dans le vide gêne l'introduction du tuyau de tôle ; aussitôt que cet instrument aura été retiré on fera placer ces tuyaux.

14 avril. — On est à 20m,85. On extrait du gros sable de la Saône.

26 avril. — On est à 21m,63. Marne assez compacte, mélangée de sable.

30 avril. — On est à 21m,66. M. Brocchi annonce que depuis hier on n'a creusé que de 0m,03, que la résistance est très forte et qu'elle est produite par le granit.

1er mai. — M. Brocchi a présenté un échantillon lithoïque, extrait du forage, et les travaux ont resté suspendus.

A Lyon, le 11 mai 1830, signé : Aug. Brocchi, ingénieur ; L. Flacheron, architecte, chargé par M. le Maire de rendre compte de l'avancement des travaux.

Nota. — Les travaux du puits artésien ont été fermés et suspendus indéfiniment le 1er mai 1830. M. Brocchi a dirigé pendant deux jours l'expérience ordonnée postérieurement. A Lyon, le 26 juillet 1830, signé : L. Flacheron.

Au sujet de cette expérience destinée à contrôler les premiers résultats obtenus, voici les renseignements contenus dans le rapport de l'aide-architecte de la Ville, chargé d'en surveiller l'exécution :

« Rapport. — Le 12 juillet 1830, les travaux du forage du puits artésien ont été repris à l'effet de percer le banc de granit. A six heures du matin, les planches composant la partie sud de la palissade ont été abattues pour pouvoir entrer le treuil servant à l'exploitation, mais il n'a été rendu sur place qu'à neuf heures.

« A midi seulement on a pu mettre en mouvement l'instrument

de forage, et à quatre heures la première cuillère a été retirée ; elle a apporté un sable gris mouillé à 16m,25 environ de profondeur. A quatre heures un quart, la sonde a été mise à 22m,75 et est descendue à environ 21m,00. La cuillère a rapporté de la terre glaise dans laquelle était un gravier ou petit cailloux de 0m,04 de longueur. Le travail du trépan s'est continué jusqu'à sept heures, alors on a retrouvé le granit.

« Le 13 juillet 1830, à cinq heures du matin, l'on a manœuvré l'instrument qui avait été fait pour cela ; la pointe n'a pas été endommagée parce qu'il paraît qu'elle ne portait pas, mais les côtés, à la hauteur de 0m,02, ont été considérablement refoulés par le contact du granit.

« A six heures et demie, la cuillère a été introduite ; elle avait 0m,08 de diamètre et elle s'est rompue un instant après à environ 16m,25 de profondeur. Depuis sept heures, le premier ouvrier a été occupé, soit à aller chercher des instruments pour retirer celui qui était rompu, soit à les porter à la forge pour les mettre en état de servir, etc., soit même à raccommoder le câble qui s'est cassé, et, plus encore, le même instrument (tire-bourre) s'est cassé à la pointe et il a fallu le reforger. Tout ce travail a duré jusqu'à midi.

« A midi, l'ouvrage a recommencé avec le tire-bourre, mais inutilement, et à une heure les ouvriers sont allés dîner. M. Bernard, piqueur, ayant passé à trois heures trois quarts n'y a vu personne ; il y est revenu à six heures et personne encore n'y travaillait. Tel est le résultat de mes observations. Signé : Dequeker, aide-architecte de la Mairie. »

Le granit que la sonde venait pour la seconde fois de rencontrer à 21m,66 de profondeur, était l'indice le plus certain de l'absence de nappes aquifères pouvant être amenées à la surface du sol. Aussi, sans essayer de recourir au deuxième forage projeté à mi-coteau, l'administration, devant les résultats négatifs obtenus à Bellecour, abandonna le projet qu'elle avait conçu pour alimenter la ville de Lyon au moyen de puits artésiens. Après onze années d'études, la question des eaux, loin d'être résolue, ne se trouvait pas plus avancée que le premier jour, et les Lyonnais devaient attendre encore plusieurs années avant de posséder, sur le versant de la côte Saint-Sébastien, quelques fontaines publiques alimentées par de l'eau non filtrée et puisée directement dans le courant du Rhône au moyen d'une machine hydraulique.

Il nous reste maintenant à parler de la dépense occasionnée par le puits artésien de Bellecour. Elle fut des plus minimes et ne s'éleva qu'à la somme totale de sept cents francs (700 fr.), que l'on trouve portée au compte final des dépenses de l'exercice de l'année 1830 ; savoir : 520 francs payés à M. Plaisant, le gérant de l'entreprise du sondage, aux termes de son traité avec la Ville, et 180 francs de frais divers y compris ceux résultant des essais faits les 12 et 13 juillet sur l'ordre de M. le Maire.

La pièce justificative suivante fait connaître le montant des sommes payées à l'entrepreneur et la profondeur exacte du forage :

« A Monsieur le Maire de la Ville de Lyon,

« Je soussigné conducteur des travaux pour le forage du puits artésien de la place Louis le Grand, ayant reconnu la masse de granit à 65 pieds métriques au-dessous du sol de ladite place, ayant reçu en paiement d'une part, la somme de 180 francs, et d'autre part, la somme de 150 francs, demande qu'il me soit accordé la somme de 190 francs, complément des 520 francs accordés par le traité passé entre M. le Maire d'une part et M. Plaisant d'autre part, pour 65 pieds métriques forés en ladite place. Lyon, le 3 mai 1830. Signé : Auguste Brocchi, ingénieur. »

« Renvoyé à M. l'Architecte en chef de la Mairie pour constater la profondeur à laquelle le forage est parvenu. Lyon, le 27 mai 1830. Le Maire de la Ville de Lyon. Signé : J. de Lacroix-Laval. »

« L'aide-architecte de la Mairie soussigné, chargé de suivre les travaux de forage du puits artésien de la place Louis le Grand, certifie que ledit puits a été creusé à la profondeur de 65 pieds métriques au-dessous du sol actuel de la place. Lyon, le 31 mai 1830. Signé : Dequeker. »

« L'architecte soussigné aurait désiré, conformément à l'ordre ci-dessus donné par M. le Maire, faire de nouveau la reconnaissance de la profondeur, mais elle n'a pu avoir lieu à cause des attérissements formés dans le fond du puits artésien depuis que les travaux sont restés suspendus et surtout à cause du déplacement et de l'enlèvement de l'équipage ; cependant ayant observé le nombre de tringles dépendant de la sonde, qui ont été retirées du puits artésien, en présence de la Commission des Naturalistes qui a fait opérer le sondage sous ses yeux, pour donner l'avis qui lui était demandé par M. le Maire, reconnaît juste la mesure de 65 pieds métriques ou 21 mètres 66 centimètres, donnée ci-dessus par M. Dequeker auquel j'avais confié la surveillance des détails relatifs au forage du puits artésien. Lyon, le 31 mai 1830. Signé : L. Flacheron. »

La hauteur au-dessus du niveau de la mer de la masse granitique qui forme le substratum de la presqu'île lyonnaise étant intéressante à connaître pour l'étude de la géognosie de notre cité, nous avons pu, en utilisant les résultats d'un nivellement exécuté en 1828, par la Brigade topographique, déterminer exactement l'altitude de cette roche sur le point où elle a été rencontrée par le sondage de Bellecour, et en même temps reconnaître l'exhaussement que le sol de cette place a subi sur le même point par suite des remblais effectués principalement après les inondations désastreuses de 1840 et de 1856.

Voici ces renseignements :

Altitude du granit rencontré par le sondage. . . .	145m,48
— du sol de la place Bellecour en 1828. . .	167m,14
— du sol actuel de la place.	167m,58
Exhaussement du sol de la place de 1828 à 1853. .	0m,44

Nous terminerons cette étude par quelques renseignements historiques sur la place Bellecour.

Ouverte sur le tènement de Bellecour par le baron de Adrets[1], pour lui servir de place d'armes et de dépôt pour son artillerie lorsqu'en 1562 il occupa la Ville au nom des protestants, elle fut reprise par ses anciens propriétaires après les troubles occasionnés par les guerres de Religion et ne redevint place publique qu'en 1618.

Après un premier agrandissement opéré vers 1652, au commencement du XVIIIe siècle on lui donna la forme qu'elle présente actuellement.

Une délibération consulaire en date du 9 janvier 1714, changea son nom de *Bellecour* en celui de place *Louis le Grand*, qu'elle conserva jusqu'en 1792 où elle prit celui de place de la *Fédération*. Sous la Terreur, elle porta le nom de place de l'*Égalité*, qui fut remplacé après le 9 thermidor an II par celui de place *Bellecour*. Vers la fin de 1799, à l'occasion du passage

1 Ce fut également le baron des Adrets qui fit ouvrir la rue Saint-Dominique pour établir une communication entre Bellecour et la place Confort.

à Lyon du premier consul, on lui donna le nom de place *Bonaparte*, puis celui de place *Napoléon* en 1804. En 1815 elle reprit son ancienne dénomination de place *Louis le Grand*, qui fut remplacée en 1848 par celle de place *Bellecour*, puis rétablie en 1852 jusqu'au commencement de 1871 où, de nouveau, elle a repris son nom primitif de place *Bellecour*.

ERRATA

Page 9, ligne 12, au lieu de s, *lisez :* si.

— 11, première colonne, ligne 7, au lieu de glo merat, *lisez :* conglomérat.

— 27, ligne 17, au lieu de 1882, *lisez :* 1822.

TABLE DES MATIÈRES

PRÉFACE. 5

CHAPITRE I. — EXTRAIT DE LA VINGT-SIXIÈME LEÇON DU COURS DE GÉOLOGIE PROFESSÉ A LA FACULTÉ DES SCIENCES DE LYON, PAR J.-J. FOURNET.

Théorie des fontaines artésiennes et conditions nécessaires pour leur établissement. 7

Résultats de son application à Lyon et aux environs. 9

Tableau des couches traversées par le sondage de Bellecour. 11

CHAPITRE II. — ORIGINE DE LA QUESTION DES EAUX A LYON ET SOLUTIONS PROPOSÉES AU DÉBUT.

Conditions précaires de l'alimentation de la ville de Lyon en 1819.. . . 13

Premier projet Flacheron. 14

Observations du docteur Eynard au sujet de la filtration des eaux du Rhône à travers les terres. 18

Deuxième projet Flacheron. 21

Nouvelles observations du docteur Eynard et description des divers moyens qui ont été proposés pour fournir de l'eau à la ville de Lyon. . . . 23

Délibération du Conseil municipal et prospectus relatif à la formation d'une Compagnie pour la fourniture des eaux du Rhône aux fontaines de la Ville. 27

Propositions des fondateurs de la Compagnie des eaux du Rhône. . . 38

Établissement d'un canal de dérivation pour alimenter la Ville :

Rapport de l'inspecteur général Cavenne. 40

Rapport de l'ingénieur en chef Favier. 43
Première soumission des fondateurs de la Compagnie des eaux du Rhône 48
Projet Carron. 50
Soumission de la Compagnie Flachat, Caffarel, Mautpetit et Gavinet. . 54
Troisième projet Flacheron. 59
Deuxième soumission des fondateurs de la Compagnie des eaux du Rhône. 60

CHAPITRE III. — Essai d'un puits artésien a Bellecour.

Propositions de M. de Lacroix-Laval au Conseil municipal. 67
Rapport de la Commission et délibération du Conseil municipal approuvant le projet d'établissement de puits artésiens pour l'alimentation de la ville. 71
Appréciation de la presse locale au sujet du projet voté par le Conseil municipal. 73
Émplacement du sondage effectué à Bellecour. 75
Journal historique des travaux du puits artésien. 78
Conclusion et renseignements divers. 81

FIN DE LA TABLE

www.ingramcontent.com/pod-product-compliance
Ingram Content Group UK Ltd.
Pitfield, Milton Keynes, MK11 3LW, UK
UKHW020203200726
13856UKWH00003B/1166